飞云江珊溪水库地震

钟羽云　朱新运　张震峰　张　帆　编著

ZHEJIANG UNIVERSITY PRESS
浙江大学出版社

图书在版编目（CIP）数据

飞云江珊溪水库地震 / 钟羽云等编著. -- 杭州：浙江
大学出版社, 2017.9
ISBN 978-7-308-17348-3

Ⅰ.①飞… Ⅱ.①钟… Ⅲ.①水库地震－研究－温州
Ⅳ.①P315.72

中国版本图书馆CIP数据核字（2017）第214303号

飞云江珊溪水库地震

钟羽云　朱新运　张震峰　张　帆　编著

责任编辑	伍秀芳（wxfwt@zju.edu.cn）
责任校对	陈静毅　舒莎珊
封面设计	周　灵
出版发行	浙江大学出版社
	（杭州市天目山路148号　邮政编码310007）
	（网址：http://www.zjupress.com）
排　　版	杭州兴邦电子印务有限公司
印　　刷	杭州日报报业集团盛元印务有限公司
开　　本	710mm×1000mm　1/16
印　　张	14.25
字　　数	248千
版 印 次	2017年9月第1版　2017年9月第1次印刷
书　　号	ISBN 978-7-308-17348-3
定　　价	58.00元

前　言

本书是在浙江省公益技术研究社会发展项目"温州珊溪水库速度结构反演与发震机理研究"(项目编号:2012c23035)的研究成果基础上编写而成。"温州珊溪水库速度结构反演与发震机理研究"课题的主要目标是,分析珊溪水库地震与水位变化关系,使用地震学方法研究地震的发震构造、应力场特征、震中区地壳速度结构和介质衰减特征,开展野外地质调查并建立诱发地震的地质构造模型,引入 Gassmann-Biot 理论估算震中区岩层孔隙度和饱和度,分析珊溪水库地震的发震机制,探索水库诱发地震预测方法。

经过两年多的努力,课题组在全面完成各项预定研究任务的同时,在水库地震研究方面取得了一些具有创新性的成果。本书除编写了课题研究方法和成果外,还补充了前人在珊溪水库工作中获得的相关资料和主要结果,收集了国内外水库地震研究概况和水库地震震例基本信息等资料,以丰富读者对珊溪水库地震的了解。本书共7章。

第1章主要收集已有的资料,简要介绍珊溪水库的大地构造背景、区域断裂构造和盆地构造。在大地构造上,珊溪水库位于华南褶皱系浙东南褶皱带的温州—临海坳陷,区内断裂构造以北北东向和北东向最为发育,但是断裂活动性较弱,是地质构造相对稳定的地区。

第2章在野外地质调查基础上,结合以往的珊溪水库工作,分析了水库区的断裂主要特征和岩层裂隙分布特征等,研究了水库蓄水后震中区断层和岩石的渗透性,认为珊溪水库诱发地震地质结构模型是阻水岩体构造与局部导水断层的组合。

第3章对珊溪水库地震序列特征和水库水位的关系进行了研究。地震序列具有成丛、成组分布的特点,根据震级差ΔM判据或能量判据判定,每丛地震均属于震群,珊溪水库地震序列是由多个震群构成的地震活动。引入模糊数学方法,定义水位变化从属函数,对地震活动与水库水位关系进行分析,结果表明水位对地震活动的影响可能与蓄水时间有关,蓄水前期的影响可能比后期要大,越到后期,影响越小。

第4章通过计算应力降等震源参数,发现珊溪水库地震应力降与震源半径之间相关性很低,数据结果支持常应力降模型。地震波衰减参数结果表明,珊溪水库区为低衰减区域,并存在深部高衰减层。使用P波初动符号方法计算单个地震震源机制解和小震综合断层面解,两者结果一致,即节面Ⅰ走向为北东向,节面Ⅱ走向为北西向,主压应力P轴方位为北北西向,最大主张应力T轴方位为北东东向,P轴仰角大多数小于10°。

第5章采用震源位置和速度结构联合反演方法对珊溪水库震群的震源位置进行重新定位,并得到震中区及周边地区P波速度结构。结果表明,绝大部分地震沿着穿过水库淹没区的北西向双溪—焦溪垟断裂分布;假设发震断层面为一个平面,则通过最小二乘法对震源位置进行拟合得到的断层面参数与双溪—焦溪垟断裂的几何参数大体一致;结合震源机制解结果和烈度等震线椭圆长轴方向判定,双溪—焦溪垟断裂为发震断裂。然而,地震沿发震断层分布还具有分段性和迁移性。2002—2003年,地震主要发生在P波速度低值异常区,而2006年以后地震则主要发生在P波速度低值向高值过渡的区域,波速结构的这种差异可能反映了各个阶段震中区岩石物理性质乃至发震机理等存在差异。结合地震活动与水位、区域地震活动等的相关性,可将珊溪水库地震划分为三个阶段,即与水位变化密切相关的诱发阶段、与水位变化关系不明显的调整阶段以及与区域地震活动有关的窗口阶段。三个阶段中的地震活动特征和主要影响因素各不相同。

第6章主要通过Gassmann-Biot理论对震中区岩石孔隙度和饱和度进行了计算,了解到震中区岩石孔隙度的差异性,并对地震过程中岩石饱和度、孔隙度的变化范围进行了估算。水库蓄水后将导致库水向下渗透,改变库基岩体的应力状态和介质性质,诱发地震活动。由于水的作用,介质将出现微破裂、扩容、塑性硬化及相变等一系列变化,因此,地震波通过地壳介质时,地震波速、波速比等与震源区介质有关的参数均将发生变化。局部流体流动被认为是影响非均匀岩石地震波传播规律的重要机制。Gassmann-Biot理论作为描述孔隙含流体的多孔介质的应力波理论,为研究含流体的多孔介质中的弹性与波传播特征提供了一个基础平台,已得到广泛应用。水库建设工程地质勘查中,通过实验获得了珊溪水库震中区J_3^a地层中新鲜火山角砾岩、层凝灰岩、英安质晶屑凝灰岩和凝灰质砂岩等四种岩石的弹性模量、密度、泊松比、孔隙度和纵波速度等参数。从该实验数据出发,联合Gassmann-Biot方程和岩石骨架模型得到了珊溪水库震中区岩石基质模量、固结系数等参数。结合水库区波速比和P波速度,通过计算得到震中区岩石的孔隙度和饱和度。结果表明,双溪—焦溪垟断裂中段的岩石孔隙度最大,位于水库南岸一段次之,位于水库北岸一段最小,这与地质调查得到的断裂破碎带胶结程度、垂直裂隙分布情况基本一致。因此,地震的发生机制为:水库于2000年下闸蓄水后,在张性裂隙发育的塘垄码头附近和具有正断层性质的双溪—焦溪垟断裂 f_{11-2} 分支断层上,库水首先沿着断层及其两侧集中分布的张性裂隙向深处渗透,引起岩体中原来固有的孔隙达到水饱和状态,增加了断层面的孔隙压力,降低了断层面的摩擦而诱发地震活动。一次地震就是一次岩体破裂或一次原有断裂的重新活动,小震的发生又进一步形成了新的渗水通道,导致库水渗入较深部位或者周边其他地方,特别是向破碎带胶结程度较差、孔隙度较大的双溪—焦溪垟断裂 f_{11-3} 分支断层东南段渗透;加上断裂两侧岩石透水性差,库水的渗透被局限在顺着 f_{11-3} 分支断层走向的方向上。在水的渗透和地震活动的相互作用下,该分支断层的地震活动进一步增强,并于2014年在断层的西北段发生了4.4级震群活动。

第7章在简要回顾国内外水库地震研究历史基础上,归纳了水库地震研究的主要方面和取得的进展。我们收集整理了业已公开发表的水库地震震例基本信息,对水库地震震级与水库的坝高、库容进行了统计,并对水库蓄水至初震的时间间隔、水库蓄水至最大地震的时间间隔进行了统计,得到蓄水后1年内发生首次地震、6年内发生最大地震的水库占比最高,并且震级与坝高、库容之间的相关性很小。最后,我们还收集了浙江省水库地震震例,以期作为基础资料供有关人员参考。

书中引用了《浙江飞云江珊溪水电站初步设计——工程地质勘察报告》中的部分野外测量数据和室内实验测试数据,引用了《浙江省飞云江珊溪水库工程水库诱发地震预测研究》报告中的部分资料,以及珊溪水库地震烈度现场考察资料。书稿完成过程中,浙江省工程地震研究所马志江高级工程师提出了许多宝贵的意见和建议,并绘制了部分图件。在此一并表示感谢。

尽管我们付出了巨大的努力,但由于水平所限,书中不同研究方法得到的结果之间,或与其他研究结果之间仍然存在一些不协调的地方,不同认识和观点的统一有赖于研究的深入。由于时间仓促,书中错误和不妥之处难免,敬请读者评批指正。

目　录

第1章　区域地质构造背景

在大地构造方面,珊溪水库位于华南褶皱系浙东南褶皱带的温州—临海坳陷。温州—临海坳陷区内,断裂构造以北北东向和北东向最为发育,并在深断裂带上发育一系列构造盆地。喜马拉雅期,本区断裂活动相对较弱,除部分早期断裂继续活动外,还形成了南北向断裂。区域内存在余姚—丽水深断裂、景宁—苍南断裂、温州—泰顺断裂这三条主要的深大断裂,其中温州—泰顺断裂距离水库区最近,约为 7 km。

1.1　大地构造背景

珊溪水库及附近地区在大地构造上位于华南褶皱系浙东南褶皱带的温州—临海坳陷(浙江省地质矿产局,1989)。浙东南褶皱带是在加里东运动地槽回返后与西北侧的扬子准地块合并而成的统一块体,后加里东阶段其构造活动相对稳定,为缓慢的长期隆起剥蚀区,仅在局部低洼地区有堆积。印支运动以后,本区的构造格局有了根本的改变,块体活动性急剧增大,构造活动直接受欧亚板块和太平洋板块相互作用所控制,构造运动以断块造盆运动为主要特点,形成了独特的陆缘活动型沉积建造及岩浆岩系列。

浙东南褶皱带的基底陈蔡群(AnZch)和龙泉群(Z-Pz$_1$ln),均分布于西部丽水—宁波隆起区内。陈蔡群主要出露在九龙山、牛头山、会稽山和大衢山等地,略呈北东向带状分布;岩性主要为角闪岩、相片岩、变粒岩、片麻岩及大理岩,部分地方有混合岩化;据原岩分析,以具复理式韵律的砂、泥质沉积为主,夹少量碳酸盐岩、硅质岩及中基性火山岩,属滨海—浅海相沉积,其中火山岩为碱性、亚碱性混合系列;地层厚度大于 8000 m。龙泉群主要分布在龙泉—丽水一带,岩石普遍遭受绿片岩相变质作用,有片岩、变粒岩、斜长角闪岩夹石英岩及大理岩,部分地区可见片麻岩及混合质岩石;根据原岩恢复,主要有粉砂岩、粉砂质泥岩、杂砂岩、硅质岩,夹有较多的基性或中基性火山岩及酸性火山岩,为浅海相沉积,形成基底的上部层位;地层厚度大于 3000 m。

后加里东盖层鹤溪群(Pz₂hx)主要分布于温州—临海坳陷南部的温州、永嘉和鹤溪一带,露头零星分布,为一套浅变质的砂岩、泥岩夹碳酸盐建造;原岩主要为石英砂岩、粉砂岩、碳质泥岩、泥质岩及灰岩,属半封闭海湾相沉积;地层厚度大于 700 m。

浙东南褶皱带的燕山构造层广泛发育,为含煤灰色复陆屑式建造,时代为晚三叠世及早、中侏罗世。部分地区中侏罗世已有微弱的火山活动。晚侏罗世以大规模的岩浆喷发和侵入活动为主要特点。下白垩统为杂色复陆屑式建造,并伴有较强的岩浆活动。上白垩统为红色复陆屑式建造,部分具磨拉石建造特征。喜马拉雅构造层主要为碱性玄武岩和复陆屑式建造,零星分布。

以丽水—仙居—象山港一线为界,浙东南褶皱带可以分为两个三级构造单元,即丽水—宁波隆起和温州—临海坳陷。温州—临海坳陷位于浙东南褶皱带东部,濒临东海,区内地势由北到南、由东到西逐渐增高,从丘陵发展到中、低山区。山体有括苍山、雁荡山和洞宫山等;沿海岛屿众多,海岸线蜿蜒曲折,多形成港湾;盆地有临海、仙居、泰顺等,但规模均较小,燕山断块运动使本区变为坳陷区。该区基底埋藏较深,燕山期岩浆活动时限较短,构造盆地以火山构造盆地发育为特征。

青田芝溪头有小块陈蔡群变质岩露头,是浙东南褶皱带基底残块。后加里东盖层鹤溪群断续出露于景宁鹤溪和青田芝溪头等地。枫坪组(J₁f)在永嘉桥头有零星露头,因受热动力变质作用,岩石均已混合岩化。毛弄组(J₂ml)仅分布在西南部的青田陈村垟和云和陈源头。上侏罗统广泛分布,底部未见大爽组(J₃d)出露,西山头组(J₃x)火山碎屑岩大面积分布。白垩纪火山活动比新昌—定海隆起区强烈,并出现较多圆形火山构造。基底褶皱构造因被覆盖而无法查清。燕山构造旋回以断块升降运动为主,褶皱构造基本不发育,局部地区在挤压环境下有宽缓的短轴背、向斜构造。

温州—临海坳陷区内断裂构造以北北东向和北东向最为发育,其次为东西向和北西向断裂构造,还有南北向断裂。白垩纪盆地的形成与断裂关系密切,北北东向的温州—镇海深断裂带上有宁海盆地和临海盆地。区域内还有北东向和北西向断裂联合控制的天台盆地,以及北东向和东西向断裂联合控制的仙居盆地等。

1.2　深部构造概况

浙江省莫霍面埋深形态为北浅南深、东浅西深,表现出与地表形态的负相关特征(图1.1)。浙东沿海地壳厚约28 km,向南西方向莫霍面逐渐加深,地壳逐渐加厚,平均每100 km水平距离,地壳增厚约1 km。省内地壳最厚之处在龙泉、庆元一带,壳厚在32.5 km以上。杭州湾是一个东西向展布区,中部地壳较薄,仅28 km,形态完整。浙江北纬30°以南部分地壳厚度变化平缓,为28～32 km,其空间分布表现为"一隆两坳"的构造形态。

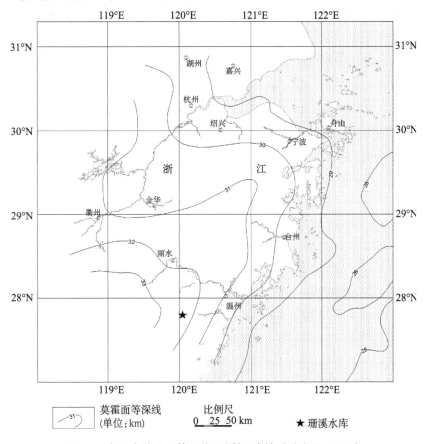

图1.1　浙江省莫霍面等深线图(浙江省地质矿产局,1989)

根据莫霍面等深线图及区域布格重力资料,浙江地区深部构造可分为两大区(浙江省地质矿产局,1989),即东部沿海地幔隆起区和金华—温州地幔坳陷区,其中金华—温州地幔坳陷区又可进一步分为昌化—长兴幔凹、开化—桐庐幔隆和龙泉—嵊州幔凹。珊溪水库位于龙泉—嵊州幔凹,该区域西部以江山—绍兴深部构造变异带为界,东部大致以重力布格异常零值线与宁海—温岭地幔斜坡隆起区分界,呈南宽北窄的条带状幔凹;区内各条莫霍面等埋深线呈向北东凸出的弧形,其曲率由南西向北东逐条增大,经永康后弧度又减小,形态为向南西倾伏的宽缓幔槽;地壳厚度自北东向南西递增,由30 km增加到32.5 km以上。珊溪水库位于莫霍面埋深32 km等深线上,等深线呈向东突出的弧形,北北东走向,埋深变化平缓(孙士宏,1994)。

从根据1:200000泰顺幅和平阳县幅相关地球物理场探测资料绘制的库区及附近范围布格重力异常平面图(图1.2)和航磁异常平面图(图1.3)来看,浙南地区的重、磁场分布以北东向异常为主,与珊溪水库库区及附近范围主要地质构造走向基本一致,但异常变化较平缓,没有异常值较大的异常梯度带,水库区及附近范围没有深部构造背景的地质构造通过。

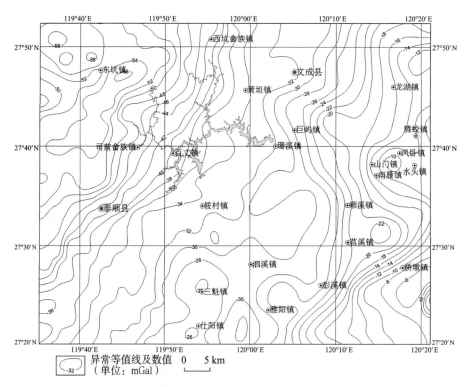

图1.2　珊溪水库库区及附近范围布格重力异常平面图

注:引自浙江省地球物理地球化学勘查院诸暨分院实测1:200000平阳县幅(1991年)和泰顺幅(1993年)布格重力异常平面图

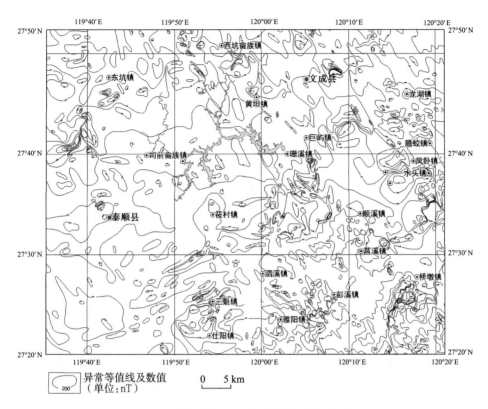

图1.3 珊溪水库库区及附近范围航磁异常平面图

注:引自浙江省地球物理探矿大队1:200000平阳幅(1979年)和泰顺幅(1979年)航空磁力异常平面图

1.3 区域断裂构造

本区域基底鹤溪群的空间展布总体呈北东向,片理走向亦呈北东向;本区的晚侏罗世火山活动明显受北东向构造控制,这说明本区的基底构造是以北东向为主的构造格架。本区基底的固结程度高,从印支运动开始,直至喜马拉雅运动时期,构造均以断裂为主,且断裂活动十分发育。印支期及燕山早期,断裂承袭了基底构造方向,断裂走向多呈北东向,部分呈北西向。至燕山晚期,断裂走向偏转为北北东向,同时北西向及北东东—近东西向断裂也得到了发育。喜马拉雅期,本区断裂活动相对较弱,除部分早期断裂继续活动外,还形成了南北向断裂,区域内存在三条主要深大断裂(图1.4)。

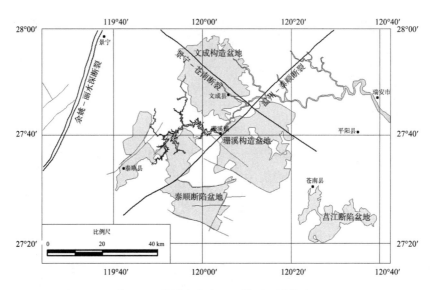

图1.4　珊溪水库库区及附近区域构造

（1）余姚—丽水深断裂

余姚—丽水深断裂距离珊溪水库库尾约25 km,它是浙东南最醒目的断裂构造,向南延伸至庆元,与福建省境内的政和—大浦断裂相接,北经嵊州过余姚,潜入杭州湾水域;断裂总体走向30°NE,多倾向SE,倾角为65°~80°。该断裂地表表现为一系列与北东向和北北东向大致平行或斜列的逆断层,组成宽度达15~40 km的断裂带。这些断裂形迹清晰,均具有30~40 m宽度的挤压破碎带。该断裂在卫星影像上所显示的线性影像极为清晰,在航磁上反映为正负异常分界。该断裂带在早白垩世末期活动最强烈,它直接控制了该区早白垩世盆地的形成与发展;喜马拉雅期仍有明显活动,大量的晚第三纪玄武岩沿断裂带喷出,并有基性、超基性岩呈串珠状排列产出。该断裂的活动具有分段性:在余姚泗门附近浅层人工地震勘探显示,在中更新世末、晚更新世初有过活动;在东阳南马五常村出露的断层,断层泥经热释光测年结果为(240.28±20.42)×10^3年,表明该断裂此段为中更新世(Q_2)晚期断裂;1866年景宁4¾级地震、1998年嵊州4.5级地震以及新昌一带的微震活动等表明,现今该断裂在局部地区仍有活动。

（2）景宁—苍南断裂

景宁—苍南断裂距离珊溪水库区约13 km,由文成玉壶向西北延伸至景宁,向东南经苍南延伸入东海海域。该断裂总体走向50°NW,倾角60°~85°,断面倾向不定。该断裂由一系列相互平行或雁行排列的小断裂组成,断裂带宽度可达20～25 km；在卫星影像上线性构造明显，地貌上表现为深切断层谷地；布格重力表现为密集的梯度带，是莫霍面南深北浅的转换地段。该断裂常错断北东、北北东向断裂，沿断裂常有萤石矿脉、石英脉及其他矿脉充填。该断裂形成于燕山中晚期，白垩纪后期活动较为强烈。在苍南县金乡—大鱼公路边人工开挖基岩剖面中采集断层泥，断层泥经热释光年代测定为$(167.27 \pm 14.22) \times 10^3$年，表明其最后活动年代为中更新世($Q_2$)晚期。

（3）温州—泰顺断裂

温州—泰顺断裂距离珊溪水库区约7 km，断裂带呈40°～60°NE方向延伸，由泰顺县东南，向北东经珊溪水库坝址下游的岇口—高楼一带，延伸至温州、温岭、乐清。该断裂在地表表现为一系列相互平行排列、断续出露的逆冲断裂和斜冲断裂组成的宽度达10～25 km的断裂带，断面倾向为南东或北西，倾角多为60°～70°，局部可近直立，地貌上常形成北东向沟谷、断层崖、断层三角面等。其单个断裂一般延伸20～30 km，挤压破碎带的宽度多为10～30 m。断裂发育于上侏罗统和下白垩统，沿断裂带有一系列燕山晚期侵入岩体、潜火山岩体、火山构造等呈北东向展布。断裂控制了岩体的侵入活动，常见岩体又被断裂切割，说明该断裂具有多次活动的特征。该断裂带在航磁上反映为东侧以频繁跳动的强磁场为特征，西侧以平静的磁场为背景，两者分界明显。据研究，温州—泰顺断裂在瑞安附近区段最新活动年代为晚更新世(Q_3)早期，其他区段为中更新世断裂。

1.4　区域盆地构造

印支运动之后，本区经历了多次剧烈的断块运动和大规模的岩浆活动，形成了各种类型的构造盆地，这些盆地的发育、展布与区域性断裂密切相关。侏罗纪盆地以断陷型为基本类型，盆地的展布受北东向构造控制。由于后期断裂的切割破坏和后期早白垩世盆地在其基础上继承、覆盖并叠置其上，侏罗纪盆地的面貌多被破坏而不甚清楚。早白垩世盆地主要受北北东向断裂和北西向断裂控制，主要有断陷构造型、火山洼地型和破火山口型构造盆地。本区主要有文成构造盆地、泰顺断陷盆地、珊溪构造盆地和莒江断陷盆地(图1.4)。

（1）文成构造盆地

该盆地属于早白垩世火山洼地型构造盆地,呈直径约20 km的近圆形,现今地貌上表现为正地形,其外围有环状水系发育。盆地内为呈环形分布的下白垩统喷发－沉积相以及分布于核部的爆发亚相,与上侏罗统呈不整合接触。

（2）泰顺断陷盆地

该盆地呈北北东向展布,南北长30 km,东西宽6 km,为早白垩世断陷盆地。盆地内发育下白垩统馆头组(K_1g),东部边界为馆头组不整合于上侏罗统火山岩之上,西部边界为断裂接触。

（3）珊溪构造盆地

该盆地是一个近似圆形的破火山口型构造盆地,直径为20～30 km。盆地内发育下白垩统馆头组和朝川组(K_1c),盆地东、西两面不整合在上侏罗统之上,南、北两面为断裂接触。

（4）莒江断陷盆地

该盆地为早白垩世断陷盆地。盆地北段呈北北东向展布,南段长30 km,宽约15 km,呈北西向展布;北段长25 km,宽约10 km。

第2章 水库区地震地质环境

水库区主要存在北西向和北东向两组断裂,断裂以陡倾角逆断层、逆走滑断层为主,其中较少的北西向断裂为正断层。断裂长度一般大于10 km,切割深度可达5 km以上。穿过水库蓄水区的5条主要断裂中,仅北西向双溪—焦溪垟断裂的第2和第3分支断裂具有一定的透水性。断裂发育在上侏罗统火山岩及沉积岩中,断裂通过位置及其两侧附近的裂隙较发育,J_3^c岩层中北西向的张性或张扭性裂隙占总裂隙的30%~50%,且有不同程度的张开,可能会造成库水下渗。特别是双溪—焦溪垟断裂带在河背村、塘垄码头等地位于基岩上隆区,存在一系列的高倾角张性构造裂隙,裂隙纵向尺度较大,且有较好的连通性,容易造成库水向深部下渗。远离断裂后,裂隙较不发育。库区地表出露的岩石以火山岩为主,其次为沉积岩,岩层产状较为平缓,成层性好。火山岩主要为上侏罗统磨石山组(J_3m)凝灰岩、火山碎屑岩,一般水平裂隙发育,岩石透水性差。沉积岩主要为上侏罗统c段含煤地层与下白垩统馆头组和朝川组河湖相沉积岩夹火山岩,属于良好的隔水层,是阻水构造。震中区的水文地质结构是阻水岩体构造与局部导水断层的组合。

2.1 新构造运动特征

珊溪水库位于飞云江流域中上游。飞云江发源于浙江省泰顺县西北、仙霞山脉中的上山头东麓。河流自西向东经泰顺县、文成县、瑞安市后入海,干流长185 km,流域面积3555 km²,总落差660 m,平均河流坡降3.9‰,水系呈树状发育。飞云江总体流向为近东西向。珊溪水库集水面积为 1529 km²,属河道型水库,其回水长度达 50 km,总库容 1.824×10⁹ m³。水库周围高山环抱,地形分水岭及地下水位均高于库水位,水库库岸基本由坚质或较坚质岩石组成,岸坡稳定。库区山体地形基本对称,山体坡度平均 40°～50°,地势西高东低,呈阶梯状递减。

晚第三纪以来,库区新构造运动主要表现为大面积间歇性升降运动,以整体性抬升为主,断裂两侧差异活动不明显,无火山和岩浆活动,地热与地震活动弱。水库区自早更新世以后,侵蚀和堆积作用交替,致使阶状地形发育,区域内有四级阶地和五级剥夷面(表2.1和表2.2)。I 级堆积阶地一般高出河水面 6～10 m,仅在珊溪一带对称发育;II 级堆积阶地一般高出河水面 20～40 m;III 级侵蚀阶地一般高出河水面 55～75 m,仅在木湾一带对称发育;IV 级侵蚀阶地一般高出河水面 120～150 m。由于大面积间歇性强烈的上升,该区形成构造—侵蚀中低山地抬升区,河流侵蚀作用强烈,河谷深切,多峡谷,因此,飞云江干流两岸阶地一般呈不对称发育,完整性较差。

表2.1　阶地平面高程分布

级次	I	II	III	IV
高程	6～10 m	20～40 m	55～75 m	120～150 m

表2.2　剥夷平面高程分布

级次	I	II	III	IV	V
高程	1600～1800 m	1200～1400 m	800～1000 m	500～600 m	250～400 m

库区冲积扇、洪积扇一般不发育,规模很小,分布在少数支沟出口处。第四纪地层厚度仅几米至十余米,为冲积和洪积砂砾石、细粉砂层,多发育在飞云江干流南侧司前、洪口、莒江和珊溪等山间盆地中,沿北东、北西向河谷零星分布。第四纪的沉积基底为上侏罗统火山岩及白垩系陆相碎屑沉积岩,缺失第三纪至第四纪早更新世地层,中更新世地层掩埋于河槽底部,说明库区自中生代末至第四纪早更新世,因强烈上升,普遍遭受剥蚀,从中更新世以来转为缓慢间歇性上升,并发育有中更新世至全新世的河床沉积。

2.2　断裂构造

库区出露的断裂构造,以北西向和北东向两组构造为主,少量南北向及东西向断裂。库区范围内约有14条断裂,无深部构造背景,多为盖层断裂,主要发育在上侏罗统火山岩及下白垩统火山沉积岩中(图2.1)。该区的断裂以陡倾角逆断层、逆走滑断层为主,一般长达10 km以上,深可达5 km以上。北东向与北西向两组断裂主要交汇于汇溪至东湾坑一带。

北东向断裂走向为40°～60°NE,倾向以北西向为主,倾角60°～80°,多为逆走滑断裂。断裂带宽约20～30 m,带内挤压构造透镜体、劈理发育,破碎带剥蚀较浅,往往被北西向断裂切割。其中思坑—司前断裂(f₁)、洪口—章坑断裂(f₄)明显控制飞云江水系部分地段的分布。思坑—司前断裂(f₁)西侧水系有向西南同步扭曲的现象,第三纪晚期以来可能有弱活动,其他断裂活动不明显。

北西向断裂走向为310°～320°NW,倾向以南西向为主,倾角60°～70°,多为逆断层和逆走滑断层,也有一些为正断层。断裂带内挤压构造透镜体、断层泥及片理发育,断裂形成于燕山晚期。TM遥感影像线性负地形特征明显,为平直较深的沟谷地形,延伸较长。双溪—焦溪垟断裂(f₁₁)控制飞云江部分地段的分布,该组断裂活动不明显。

水库蓄水后地震主要发生在排前至焦溪垟一段的水库淹没区及其两岸附近区域,震中离水库淹没区的最远距离不足5 km。震中分布为呈北西走向的优势方向,与穿过水库淹没区的北西向双溪—焦溪垟断裂走向一致。震中区除双溪—焦溪垟断裂外,还存在江口—汇溪断裂、岩上—程坑断裂、洞背山—大垟头断裂等(表2.3)。2002年地震以后,多家单位先后对震中区的多条断裂进行了野外调查研究,获得了一些新的认识。

(1) 江口—汇溪断裂(f₅)

断裂本身的基本特征见表2.3。在石竹湾南水库边公路旁的水沟内(地质点No.5)见一处北东向断裂露头(图2.2a),发育于暗紫色侏罗系凝灰岩中;破碎带胶结较好;断面附近的岩石受挤压呈片状,未见断层泥发育;断面右侧发育节理,基本平行于断层面。断裂在这一带地貌上表现为沟谷地貌,为不活动断裂。

图例说明：f₁：思坑—司前断裂；f₂：百丈坑—垟头断裂；f₃：百丈口—排前断裂；f₄：洪口-章坑断裂；f₅：江口—汇溪断裂；f

图2.1　珊

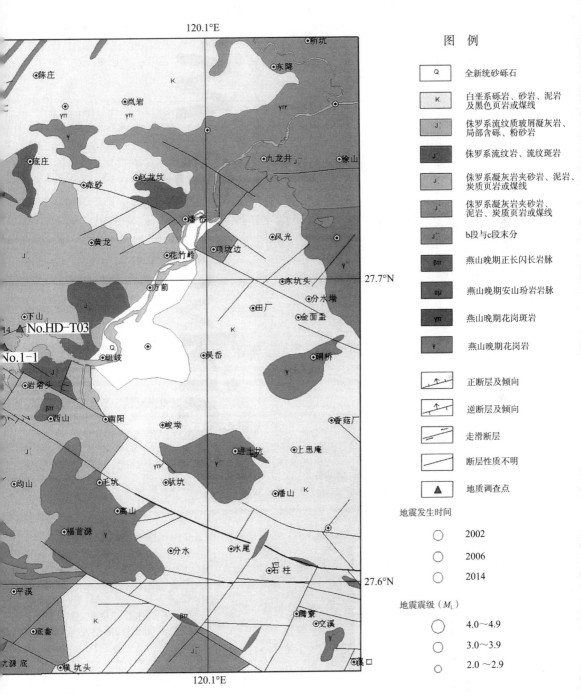

图　例

Q	全新统砂砾石
K	白垩系砾岩、砂岩、泥岩及黑色页岩或煤线
J_3^c	侏罗系流纹质玻屑凝灰岩、局部含砾、粉砂岩
J_3^c	侏罗系流纹岩、流纹斑岩
J_3^b	侏罗系凝灰岩夹砂岩、泥岩、炭质页岩或煤线
J_3^b	侏罗系凝灰岩夹砂岩、泥岩、炭质页岩或煤线
J_3^{b+c}	b段与c段未分
$\beta\pi$	燕山晚期正长闪长岩岩脉
$\alpha\mu$	燕山晚期安山玢岩岩脉
$\gamma\pi$	燕山晚期花岗斑岩
γ	燕山晚期花岗岩
	正断层及倾向
	逆断层及倾向
	走滑断层
	断层性质不明
▲	地质调查点

地震发生时间

○	2002
○	2006
○	2014

地震震级（M_L）

○	4.0～4.9
○	3.0～3.9
○	2.0～2.9

大垟头断裂；f_{11}：双溪—焦溪垟断裂；f_{14}：岩上—程坑断裂；f_{17}：林山—黄垟断裂

区地震构造图

表2.3 珊溪水库库区内重点区域内主要断裂汇总

编号	断裂名称	产状			规模		性质	最新活动时代	断层描述
		走向(°)	倾向	倾角(°)	长度(km)	宽度(m)			
f_1	思坑—司前断裂	45	NW	80	25	4~7	正断	AnQ	下白垩统与上侏罗统b段、c段直接接触,其间缺失馆头组底部砾岩。糜棱岩和构造透镜体发育,硅化强烈,延伸25 km
f_2	百丈坑—垟头断裂	50	NW	65	25	10	逆断	AnQ	断裂带内劈理发育,并见构造透镜体、粗糜棱岩和断层泥,延伸25 km
f_3	百丈口—排前断裂	40	NW	80	11	2~3	逆断	AnQ	断裂带内岩石呈片理化,局部发育糜棱岩,断面呈舒缓波状,擦痕发育,延伸11 km
f_4	洪口—章坑断裂	45~50	NW	85	20	5	逆断	AnQ	断裂带内岩石糜棱岩化、片理化,局部见糜棱岩,断层泥发育,两侧岩石强烈硅化,延伸20 km
f_5	江口—汇溪断裂	40~50	NW	75	13	3~4	逆断	AnQ	断裂带由糜棱岩和断层角砾岩构成,石英脉沿断裂密集发育;两侧地层牵引变形,带内局部被岩脉充填
f_{10}	洞背山—大垟头断裂	300	SW	80	10	1	正断	AnQ	断层呈锯齿状延伸,带内见断层角砾岩与石英脉灌入
f_{11}	双溪—焦溪垟断裂	310	SW	80	20	5~10	逆断	AnQ	带内见断层泥和构造透镜体,岩石片理化,局部被辉绿岩岩脉充填;断面呈舒缓波状,断面上擦痕发育
f_{14}	岩上—程坑断裂	85	N	70	5	2	走滑	AnQ	带内岩石强烈片理化、糜棱岩化,断面平直,擦痕发育
f_{17}	林山—黄垟断裂	20	NW	70	3	2	逆断	AnQ	断层破碎带宽约2 m,较为胶结,带内岩石片理化,断面西侧发育有平行于断面的节理

(a)

(b)

①坡积物；②土黄色侏罗系凝灰岩；③暗紫色侏罗系凝灰岩；④断层破碎带

图2.2　石竹湾南水库边公路旁水沟内断层照片(镜向230°)(a)及清绘剖面(b)

在岭头垟村南乡村公路边(地质点No.12)见侏罗系上统与白垩系下统的边界(图2.3a)，边界左侧为暗红色侏罗系块状凝灰岩，右侧为紫红色、灰白色白垩系层状粉砂岩。边界由于植被覆盖而不甚清晰，但在剖面中的位置④(照片中松树位置附近)节理密集，岩石较破碎，因而推测④为两套地层交界带附近(地质图中以断层表示上述两套地层的接触关系)，也可能为地层不整合接触面。

(a)

(b)

①坡积物；②紫红色、灰白色白垩系层状粉砂岩；③暗红色侏罗系块状凝灰岩；④节理密集带

图2.3　岭头垟村南乡村公路边断层照片(镜向130°)(a)及清绘剖面(b)

在卫星影像上，该断裂的线性特征不明显，略显沟谷特征，结合以往工作成果认为该断层活动时代较老，断层破碎带(个别表现为节理密集带)的宽度在2m以上，较为胶结、紧密，因而推测破碎带的渗水条件较差。

— 15 —

（2）林山—黄垟断裂(f_{17})

该断裂在以往工作中并未被提及。从卫星影像上,推测断层位于林山—黄垟一带,南部端点截止于双溪—焦溪西北支(林山西南),向东北延伸到黄垟南附近。该断裂全长小于3 km,北北东走向。断裂通过的位置略显沟谷地貌特征。

在黄垟村南公路边(地质点No.4)见北北东向断裂出露(图2.4a),断裂发育于暗紫色侏罗系凝灰岩中,破碎带宽约2 m,较为胶结;断面附近岩石受挤压呈片状,未见断层泥发育;断面西侧发育节理,且基本平行于断层面。该断裂为逆断性质,是不活动断裂。

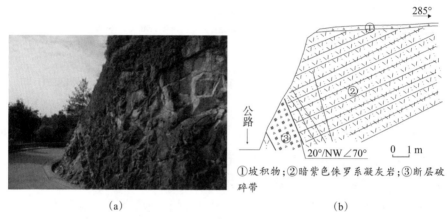

（a）   （b）

①坡积物;②暗紫色侏罗系凝灰岩;③断层破碎带

图2.4 黄垟村南公路边断层照片(镜向40°)(a)及清绘剖面(b)

（3）岩上—程坑断裂(f_{14})

断裂的基本特征见表2.3。郭春友等(2008)给出了断层的一个出露点情况(地质点No.HD-T03),在下山村附近公路边可见该断层的出露剖面(图2.5a)。该断层挤压带见糜棱岩,宽3～5 cm,走向310°,近直立,呈曲面状。该断层的岩性为晶屑凝灰岩,青灰、灰黄色,厚层－巨厚层状,产状为310°/SW∠75°。断层泥经热释光年代测定为(350.78±29.82)×10³年。

该断层在岩上村一带,构成上侏罗统与下白垩统的边界,向东延伸,主要发育于上侏罗统中;破碎带较为胶结,推测破碎带的渗水条件较差。

（4）双溪—焦溪垟断裂(f_{11})

该断裂为库区内规模较大的北西向断裂,断裂的基本特征见表2.3。珊溪水库地震主要发生在该断裂附近,因此我们对该断裂进行了重点调查,并结合以往的工作成果认为该断裂包括3个近于平行的分支。

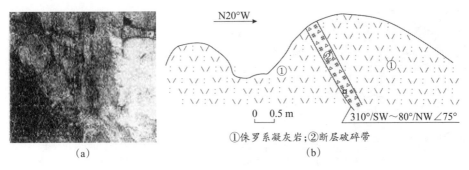

（a）   （b）

①侏罗系凝灰岩；②断层破碎带

图2.5 下山村附近公路边断层照片（a）及清绘剖面（b）

●双溪—焦溪垟断裂f_{11-1}分支

该分支走向310°，推测在水库附近的长度为10 km左右，在卫星影像上线性特征较明显，断层通过位置为沟谷地貌。野外地质调查过程中，在焦溪垟西北公路边（地质点No.1-1）有断层出露（图2.6）。断裂构成两种凝灰岩的地层界限，西侧为土黄色块状含角砾凝灰岩，岩石较破碎；东侧为暗紫色块状含角砾晶屑、玻屑凝灰岩，岩石较完整，局部发育一组产状为40°/SE∠70°的节理，节理密度不大。断裂破碎带宽度不大，仅25 cm左右，呈灰黄色。破碎带基本胶结，带内构造透镜体发育，未见断层泥。推测该断层的最新活动时代在第四纪之前。

在驮垄村南公路边（地质点No.2）见该断裂的另一出露剖面（图2.7）。剖面中仅见一近直立的走向为310°的断层破碎带，带内岩石破碎，较为胶结；内部发育与断面平行的节理，节理内无充填物；断面上未见断层泥。在此调查点附近，断裂在卫星影像上的线性特征不明显，推测该断裂的最近活动时代为第四纪之前。

综合分析认为，双溪—焦溪垟断裂f_{11-1}分支断层破碎带规模不大，应该在1 m以下，且破碎带较为胶结，推测破碎带的渗水条件较差。

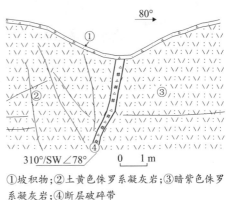

①坡积物；②土黄色侏罗系凝灰岩；③暗紫色侏罗系凝灰岩；④断层破碎带

（a）   （b）

图2.6 焦溪垟西北公路边断层照片（镜向340°）（a）及清绘剖面（b）

①坡积物;②侏罗系凝灰岩;③断层破碎带

(a)   (b)

图2.7　驮垄村南公路边北西向断层照片(镜向345°)(a)及清绘剖面(b)

●双溪—焦溪垟断裂f₁₁₋₂分支

该分支走向310°,推测水库附近长度小于5 km,在卫星影像上线性特征较一般。郭春友等(2008)给出了该断裂的一个剖面(地质点No.HD-T04),即在塘垄附近公路边见该断层的出露剖面(图2.8),岩性为青灰色厚层状凝灰质砂岩。破碎带宽10～20 cm,滑面上有清晰擦痕,正断性质,并有数个滑动面,走向300°～310°,近直立,局部倾向NE,倾角65°～70°;断层泥经热释光年代测定为(144.02±12.24)×10³年。

综合分析认为,双溪—焦溪垟断裂f₁₁₋₂分支破碎带规模不大,但为正断性质,且存在多个滑面,推测破碎带具备一定的渗水条件。

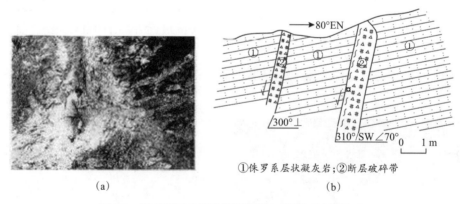

①侏罗系层状凝灰岩;②断层破碎带

(a)   (b)

图2.8　塘垄附近公路边断层照片(a)及清绘剖面(b)

●双溪—焦溪垟断裂f₁₁₋₃分支

该分支走向310°,推测水库附近长度小于5 km。该分支在卫星影像上线性明显,TM影像上断裂在库区一带的解译长度超过10 km,断裂通过位置表现为沟谷、垭口地貌特征。

野外地质调查中，在杜山村南水库边(No.11)见断层出露(图2.9)，发育于上侏罗统灰绿色中厚层状凝灰岩。断层带宽5 m左右，断面上见近水平向的擦痕(推断断层右旋走滑为主，兼逆断性质)，未见断层泥；断层破碎带较为胶结。断层带位置受雨水冲刷，成凹槽状。

（a）　　　　　　　　　　　　　　（b）

图2.9　杜山村南水库边北西向断层照片(镜向150°)(a)及清绘剖面(b)

（a）　　　　　　　　　　　　　　（b）

（c）　　　　　　　　　　　　　　（d）

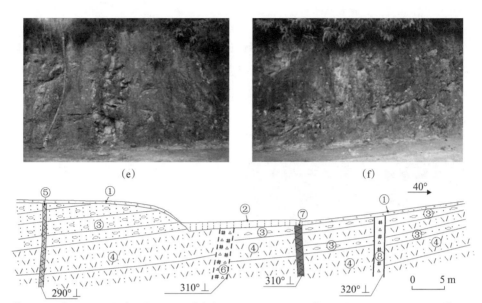

①坡积物；②水稻田下部青灰色耕植土；③杂色侏罗系层状砂砾岩；④灰白色侏罗系层状凝灰岩；⑤深褐色岩脉；⑥推测断层破碎带；⑦灰白色石英脉；⑧断层破碎带

(g)

图2.10　珊溪水库公路边断层照片[(a)～(f)]及清绘剖面(银珠坑村东南乡村公路边)(g)

(a)剖面中⑤号位置照片(镜向300°)；(b)剖面中⑤号与⑥号间层状凝灰岩照片(镜向280°)；(c)剖面中⑥号附近照片(镜向290°)；(d)剖面中⑥号右侧附近照片(镜向320°)；(e)剖面中⑦号附近照片(镜向310°)；(f)剖面中⑧号附近照片(镜向310°)；(g)清绘剖面

　　在近银珠坑村东南珊溪水库边乡村公路旁(地质点No.3)见开挖剖面(图2.10)，剖面中出露两类地层，即侏罗系层状砂砾岩及层状凝灰岩。在剖面左侧的⑤号位置见一宽度不到1 m的深褐色岩脉，这一带上部为层厚1～2 m的砂砾岩层，下部为厚度大于1 m的层状凝灰岩。②号位置为稻田耕植土，在地貌上为垭口；其下部⑥号位置，岩石风化、破碎，推测为宽度1～2 m的断层破碎带，为水库区北西向断层通过位置，产状不清，推测走向310°，近直立，上覆耕植土未见被断错迹象。⑥号位置右侧为层状砂砾岩与层状凝灰岩互层，⑦号位置为一宽度1 m左右的灰白色石英脉体，而⑧号位置为宽度1 m左右的破碎带，带内碎裂岩较为胶结。综合分析，推测北西向断层在此通过，形成垭口地貌，并伴有岩脉、次级破碎带发育。

　　此外，在地质点No.3西北约500m处，即石台下(银珠坑村的另一名字)西南约100 m处(地质点No.3-1)见断层出露(图2.11)。在该点附近出露岩层为上侏罗统灰色中厚层至厚层状含角砾凝灰岩，断层带有角砾及断层泥。在银珠坑村南水库边(地质点No.10)也见该分支断层的次级断面出露，走向310°，近直立，断面上见擦痕。

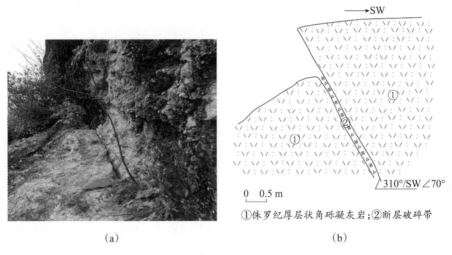

①侏罗纪厚层状角砾凝灰岩;②断层破碎带

(a)　　　　　　　　　　　(b)

图2.11　库区石台下西南露头照片(a)及剖面素描图(b)

在塘山村北的珊溪水库边新建公路旁(地质点No.12)见断层出露(图2.12),发育于上侏罗统灰白色层状流纹斑岩中。剖面中间有两个断层破碎带,左侧破碎带宽2 m左右,右侧破碎带宽5 m左右,断面上未见断层泥,断层破碎带较为胶结,右侧断层带位置为垭口地貌,受雨水冲刷,成凹槽状。

(a)

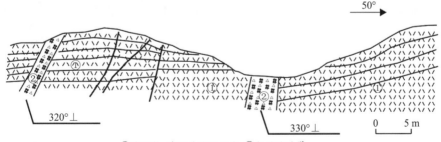

①坡积物;侏罗系流纹斑岩;②断层破碎带

(b)

图2.12　塘山村北珊溪水库旁公路边北西向断层照片(镜向300°)(a)及清绘剖面(b)

综上所述,双溪—焦溪垟断裂f_{11-3}分支规模较大,主破碎带宽度2 m以上,并发育次级断层面、断层破碎带。该断裂是3个分支中规模最大的一支,且淹没于水库区内的淹没段总长度最长,加之淹没段岩性软硬互层,推测一定程度上是3个分支中最利于库水下渗的断层。

(5)洞背山—大垟头断裂(f_{10})

该断裂在卫星影像上线性特征明显,其基本特征见表2.3。野外调查中在水库边地质点No.8位置见断层的存在(图2.13),表现为沟谷地貌特征(沟谷宽度15 m),但断面附近岩石均较完整、坚硬、紧闭,未见明显的破碎带发育,仅发育一些与断面平行的节理。

在地质点No.9位置也发现了该断层(图2.14),表现为沟谷地貌特征(沟谷宽度10 m),但断面附近岩石均较完整、坚硬、紧闭,发育有与断面平行的节理,未见明显的破碎带发育。

图2.13　No.8调查点断层照片(镜向330°)　图2.14　No.9调查点断层照片(镜向150°)

综合分析认为,洞背山—大垟头断裂地貌特征明显,受断裂影响的沟谷宽度在10～15 m,说明断裂有一定规模,但在No.8和No.9调查点上,沟谷内岩体较完整,破碎带不明显,仅见紧闭的节理,而且淹没段长度小于700 m,因此,推测该断裂虽然存在库水下渗的可能,但下渗程度要比双溪—焦溪断层f_{11-3}分支弱得多。

2.3　地层岩性与裂隙

2.3.1　地层岩性

水库区主要出露上侏罗统磨石山组火山岩、火山碎屑岩,下白垩统馆头组和朝川组河湖相沉积岩夹火山岩(表2.4)。该区缺失第三系,而第四系多沿河谷发育或以冲－洪积形式发育在中低山丘陵地区。

表2.4　珊溪水库区地层层序简表

| 界 | 系 | 统 | 地层名称 | | 地层代号 | 厚度(m) | 主要岩性 |
			组	段			
新生界	第四系	全新统			Q_4	3～67	河流溪谷中冲－洪积层砂砾石
		上更新统			Q_3	2～15	坡－洪积层、洪积层碎砾石和亚黏土
		中更新统			Q_2	5～18	冲－洪积层、亚黏土砾石层
中生界	白垩系	下白垩统	朝川组		K_1^2	850～1500	上部为杂色砂砾层夹安山岩、下部为流纹质凝灰岩
			馆头组		K_1^1	350～650	流纹质熔结凝灰岩夹碎屑岩
	侏罗系	上侏罗统	磨石山组	e段	J_3^e	350～600	流纹岩、熔结凝灰岩
				d段	J_3^d	400～650	玻屑凝灰岩
				c段	J_3^c	450～800	碎屑岩夹安山岩、流纹岩
				b段	J_3^b	1000～1500	熔结凝灰岩

2.3.2　裂隙分布特征

裂隙按其成因大致可分为三类,即成岩作用的原生裂隙、构造作用的构造裂隙和外营力物理化学作用的风化裂隙。据电力工业部华东勘测设计院(1979)对坝址区磨石山组c段(J_3^c)、磨石山组d段($J_3^d{}_{Pb}$)爆发亚相和磨石山组d段($J_3^d{}_{(D)}$)火山颈相地层中的构造裂隙发育特征进行了调查,结果如下。

(1) 磨石山组c段(J_3^c)裂隙发育特征(表2.5)

J_3^c地层中裂隙发育集中,成组性强,可划分为5组,裂隙的倾角均比较大。走向北西、北北西两组裂隙具有张性或张扭性,走向北东、北北东两组裂隙具有压性或压扭性,走向北东东一组裂隙则具有扭性。

表2.5 磨石山组c段(J_3^c)裂隙发育特征

组 别	走 向	倾 向	倾 角	性 质	占全区百分比(%)
1	N50°～60°E	NW、SE	∠65°～80°	压性或压扭性,延伸长	7
2	N50°～60°W	SW、NE	∠70°～90°	张性或张扭性,甚发育,局部密集,断续延伸,多数张开	22
3	N20°～40°E	NW	∠70°～90°	压性或压扭性,较发育,延伸长,多呈波状弯曲	14
4	N70°～80°W	NE、SW	∠75°～90°	张扭性,断续延伸长,张开宽度大	8
5	N70°～80°E	NW、SE	∠80°～90°	扭性,局部地段发育,面平整	5

(2) 磨石山组d段($J_3^d{}_{Pb}$)爆发亚相裂隙发育特征(表2.6)

$J_3^d{}_{Pb}$地层中裂隙发育比较集中,成组性强,可划分为5组。与J_3^c地层中裂隙性质类似,北西、北北西两组裂隙具有张性或张扭性,北东、北北东、北东东走向裂隙则具有压性或压扭性或扭性。

表2.6 磨石山组d段爆发亚相($J_3^d{}_{Pb}$)裂隙发育特征

组 别	走 向	倾 向	倾 角	性 质	占全区的百分比(%)
1	N40°～50°E	SE、NW	∠70°～90°	压性或压扭性,延伸长,较发育	9
2	N50°～60°W	NE、SW	∠70°～80°	张性或张扭性,甚发育,断续延伸,多数张开	32
3	N10°～20°E	NW	∠70°～80°	压扭性,局部地段较发育,延伸长,面平整	7

组别	走 向	倾 向	倾 角	性 质	占全区的百分比(%)
4	N70°～80°W	NE、SW	∠75°～90° ∠40°～55°	张扭性,延伸长	20
5	N10°～20°W	SW	∠65°～75°	扭性,局部地段发育,面平整	5

(3) 磨石山组d段($J_3^d{}_{(D)}$)火山颈相裂隙发育特征(表2.7)

$J_3^d{}_{(D)}$地层中裂隙以高倾角为主,较分散,成组性差,除北西向裂隙占比具有一定的优势外,其余较难划分。

表2.7 磨石山组d段($J_3^d{}_{(D)}$)火山颈相裂隙发育特征

组 别	走 向	倾 向	倾 角	性 质	占全区的百分比(%)
1	N40°～50°E	NW	∠65°～85°	压性或压扭性,多呈波状弯曲	9
2	N50°～60°W	NE、SW	∠75°～90°	张性或张扭性,断续延伸,多数张开	17
3	N10°～20°E	NW、SE	∠70°～90°	压扭性,较发育,延伸长,面平整	6
4	N70°～80°W	NE、SW	∠70°～90°	张扭性,断续延伸,多数张开	14
5	N20°～30°W	SW	∠80°～90°	扭性,局部地段发育	9

震中区出露地层岩性主要为上侏罗统磨石山组c段和d段的凝灰岩夹砂岩、泥岩、碳质页岩以及流纹岩,与坝址区的地层岩性相同。磨石山组c段和d段地层中发育的裂隙具有如下特征:①不同岩相的裂隙发育程度基本一致,表明区内发育的各类型裂隙以构造裂隙为主。②第2组北西走向(N50°～60°W)的张性或张扭性裂隙最为发育,占总裂隙的20%以上;其次为第4组北西西走向(N70°～80°W)的张性或张扭性裂隙,占总裂隙的10%～20%;具有张性或张扭性的北西走向和北西西走向两组裂隙占总裂隙的30%～50%,是水库区最重要的裂隙。裂隙具有不同程度的张开,可能会造成库水下渗。

在野外调查中发现,库区内在断裂通过位置,一般裂隙较发育,且以高倾角裂隙为主,走向一般与断面平行,远离断裂后裂隙较不发育。另外,在双溪—焦溪垟断裂3条分支断裂之间的河背村、塘垄码头等地,发现有因构造作用形成的基岩上隆,在隆起区形成较大范围的拉张区,产生一系列的高倾角张性构造裂隙

（图2.15和图2.16）。这些构造裂隙纵向尺度较大,且有较好的连通性,容易造成水向深部下渗。

图2.15 河背村基岩隆起及张性构造裂隙照片

图2.16 塘垄码头库岸基岩上隆及张性构造裂隙照片

2.4 水库诱发地震地质结构模型

水库地震震例研究表明,水库是否诱发地震主要由库区的地质构造和水文地质条件决定(丁原章等,1989),而水库地震的发生主要取决于地质构造条件(李祖武,1981)。对水库地震诱发因素的研究必须与库区的地质构造背景结合起来,深入地剖析诱震水库的地质条件,这既是探索水库诱发地震成因机制的基础,又是探索水库地震预测预报的途径(丁原章等,1983)。根据库区地质条件和成因,我国学者把水库诱发地震分为岩溶塌陷型和断层破裂型。诱发岩溶塌陷型地震的水库库区大面积分布厚层灰岩,现代岩溶发育;诱发断层破裂型地震的水库库区一般有区域性断裂或者地区性断裂通过,并且断裂带与水库有水力联系(易立新等,2003)。随着对水库诱发地震的地质条件研究的不断深入,有学者认为(易立新等,2004),水库诱发地震的危险性评价和预测应该综合考虑岩体结构和水文地质结构的组合特征,两者的组合形式对孔隙压力变化下断层的力学响应具有重要影响。因此,库区介质渗透性、力学性质的不均一和各向异性在水库诱发地震过程中起主导作用。

珊溪水库库区属于亚热带季风气候,雨量充沛,年平均降雨量在1900 mm左右,4—9月降雨量占全年总量的75%。降雨沿岩层浅部的裂隙和孔隙下渗成为地下径流的主要来源。但因库区山高坡陡、沟谷发育,地表径流宣泄畅通,所以地下水常为流量变幅悬殊的临时性潜水,所见泉水露头在干旱天气时会干涸,且出露高程一般在水库回水线以上,表征为地表水补给河水。

根据库区地下水的动态和埋藏条件,地下水含水层可分为两个主要含水层,即孔隙含水层和裂隙含水层。孔隙含水层主要分布在高程80 m以下的山麓堆积层和Ⅰ级阶地内,通常为孔隙含水类型,一般埋藏较浅,受大气降水补给,雨季含水量较丰,枯水期多干涸;间歇性孔隙泉水在区内较多见,永久性孔隙泉水极少见。裂隙含水层为区内的主要含水层,地下水在岩体内沿裂隙和构造带运动,以裂隙潜水类型为主,局部地段存在裂隙承压水。裂隙潜水大都形成地下伏流,地表泉水较少,仅在局部冲沟中或陡壁上可见沿裂隙面渗水现象,一般水量较小。据电力工业部华东勘测设计院(1979),在飞云江右岸裂隙含水层一般为弱透水-微透水性;而左岸由于北西—北西西向张性裂隙发育,其透水性极不均匀,属中-强透水性,大气降水很快下渗排泄,局部地段存在严重透水带。

2.4.1　断裂带主要特征和导水性

水库区主要存在北西向和北东向两组断裂,断裂以陡倾角逆断层、逆走滑断层为主,其中较少的北西向断裂为正断层。断裂规模一般长达10 km以上,深可达5 km以上。穿过水库蓄水区的5条主要断裂中,仅北西向双溪—焦溪垟断裂的第2和第3分支断裂具有一定的透水性。其中第2分支断裂为正断性质,存在多个滑动面,破碎带具备一定的渗水条件;第3分支断裂规模较大,处于水库淹没区的长度最长,淹没段断裂附近岩性为软硬互层,有利于库水下渗。

断裂发育在上侏罗统火山岩及沉积岩地层中,断裂通过位置及两侧附近,裂隙较发育。J_3^c岩层中NW向的张性或张扭性裂隙占总裂隙的30%～50%,且有不同程度的张开,可能会造成库水下渗。双溪—焦溪垟断裂3条分支断裂之间的河背村、塘垄码头等地的基岩上隆区,存在一系列的高倾角张性构造裂隙,这些构造裂隙纵向尺度较大,且有较好的连通性,容易造成水向深部下渗。远离断裂后裂隙较不发育。

2.4.2　地层的阻水性

库区地表出露的岩石以火山岩为主,其次为沉积岩,岩层产状较为平缓,成层性好。火山岩主要为上侏罗统磨石山组凝灰岩、火山碎屑岩,一般水平裂隙发育,岩石透水性差。沉积岩主要为上侏罗统c段含煤地层以及下白垩统馆头组和朝川组河湖相沉积岩夹火山岩,属于良好的隔水层。震中区普遍分布侏罗系层状地层(图2.17),如岩塔头公路边地层产状为:297°/NNE∠22°,岩石较为破碎,节理发育[图2.17(c)]。凝灰岩及流纹岩埋深为1000～4000 m,其下为胶结较好的砂砾岩夹火山岩、砂泥岩夹煤线,以及晚古生代的坚硬变质岩。这些产状较平缓的岩层为微透水-不透水层,不利于库水向下渗透(孙士宏,1994)。

(a)　　　　　　　　　　　　　(b)

(c)　　　　　　　　　　　　　(d)

图2.17　水库区广泛分布的层状岩层照片
(a)岭头垟村公路边(No.12);(b)杜山公路边(No.11);(c)岩塔头公路边(No.2);(d)林山公路边(No.4)

　　综上所述,震中区主要有北东向的江口—汇溪断裂f_5、北西向的双溪—焦溪垟断裂f_{11}和北东东向的岩上—程坑断裂f_{14}等三条断裂通过。f_5和f_{14}均垂直于河道穿过水库淹没区,其中f_5为逆断层,活动时代较老,f_{14}为上侏罗统与下白垩统的边界,这两条断层的破碎带均较为胶结、紧密,渗水条件较差。双溪—焦溪垟断裂f_{11}顺着河道穿过水库淹没区,有很长一段断裂淹没在库区内,并且该断裂由相互平行的3条分支断层组成,其中第2和第3分支断裂具有一定的透水性。断裂通过位置及两侧附近,一般裂隙较发育,且走向一般与断面平行。特别是J_3^c岩层中NW向的张性或张扭性裂隙最为发育,且裂隙的走向和倾角与穿过水库区的双溪—焦溪垟断裂f_{11}一致。因此,双溪—焦溪垟断裂的第2和第3分支及其两侧裂隙是水库蓄水后的主要透水构造。离开断层一定距离,岩层产状较为平缓,成层性好,岩石透水性差,属于良好的隔水层,为阻水构造。因此,震中区的水文地质结构是局部导水断层和透水性差的阻水岩体构造的组合(图2.18)。

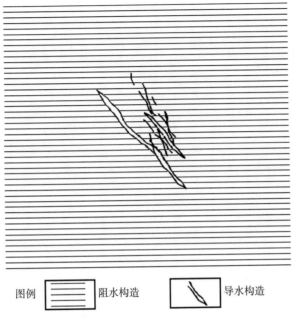

图例 ▭ 阻水构造 ◸ 导水构造

图2.18 珊溪水库诱发地震的水文地质结构概念化模型

第3章　地震活动

据史料记载,珊溪水库大坝周围1°×1°范围内历史上曾发生4.0级以上地震9次,其中,震级最大的为1574年庆元5.5级地震,而距离水库大坝最近的为1514年8月20日泰顺4.0级地震。1970年以来,水库区1°×1°范围内记录到2.0级以上地震8次。水库及附近地区地震活动频度低、强度弱。水库于2000年5月12日开始下闸蓄水,2002年7月28日水库区发生3.5级地震,之后水库区每年都有地震活动,已经发生4.0级以上地震超过20次,最大地震为4.6级。地震序列具有成丛、成组分布的特点,活动最为显著的有3丛:第1丛发生在2002年7至9月,第2丛发生在2006年2月至2006年年底,第3丛发生在2014年9月至2015年年初。根据震级差ΔM判据或能量判据判定,每丛地震均属于震群,珊溪水库地震序列是由多个震群构成的地震活动。每丛地震的演化特征可以概括为"起伏升高—衰减—低频次中波动"。使用修改的大森公式对每丛地震的日频度进行拟合,结果表明,2006年震群的衰减指数$p=1.2$,2014年震群的衰减指数$p=1.0$。地震活动与水库蓄水有一定关系,且关系复杂。从发震时间看,地震既有发生在水位上升的时期,也有发生在水位下降的时期;既有发生在水位高程极大的时期,也有发生在水位高程极小的时期。从地震频度看,高水位时段地震频发和低水位时段地震频发的情况都有。引入模糊数学方法,定义水位变化从属函数进行半经验半定量分析,结果表明水位对地震活动的影响可能与蓄水时间有关,蓄水前期的影响可能比后期要大,越到后期,影响越小。如果只考虑蓄水的影响,则可以将地震活动划分为两个阶段:2002—2003年为诱发阶段;2004年以后为窗口阶段。

3.1 历史地震活动

我国是历史悠久的文明古国,也是地震多发国家,对地震的文字记载较早,留下了极为丰富的地震史料。本书中"历史地震"是指根据历史文献中的有关地震破坏现象记载,由宏观破坏现象确定的史料记录。历史地震的发生时间、震中位置和震级等参数是通过评定地震地点、影响范围、地震烈度确定的,所以历史地震参数误差往往比较大,远没有仪器记录的地震参数精确。但历史地震记录为我们提供了数百年、甚至几千年的资料,是地震研究工作中极其宝贵的财富。地震史料散布于正史、地方志、野史、碑帖等各种典籍中。我国历史源于黄河流域,公元前14世纪开始朝廷就设有史官,注意对地震等自然灾害的记载,特别是明清时期地方志盛行,地震史料记载比较丰富,凡发生在辖境内的地震在志书中都有详细记述,对当地有影响的境外地震也有记载。但是,历史资料记载的详尽程度和完整性与地域文化发展程度、人口密度分布、经济发展状况等有很大的关系,地域不同、年代不同而地震史料有较大的差异。20世纪70年代,浙江省成立了由省地震局、省建委、省图书馆、省博物馆参加的浙江省地震历史资料编辑工作组,查阅了本省历代地方志、碑帖、报纸以及正史、野史等有关史料计2980多种,编印了《浙江省历史地震年表》(浙江省地震历史资料编辑工作组,1979)。

我国自1897年建立台北地震台以来至20世纪40年代的50年间,先后在台湾、东北和东部沿海一带设置了27个地震观测台站,并从1955年开始筹建全国地震基本台网,至1972年基本建成24个地震基准台站,台站分布于全国20个省、市、自治区,监测全国中强以上地震和全球强震。1966年邢台地震后,我国开展了地震预报探索,开始建设以监测微震活动为主的区域地震台网,并于1970年和1976年分别有几次较大规模的发展,到1979年全国已拥有400多个台站,基本能够监测到全国4.5级以上、东经100°以东地区2.0级以上地震。而且,中国地震台网从1979年起开始正式出版地震观测报告,从1987年起统一编辑全国地震月报目录和全国地震速报目录,并通过网络发布和交换(孙其政和吴书贵,2007)。地震目录包括了1970年以来的全国2级以上地震。温州地震台是距离水库最近的最早建立的地震台站,距离水库大坝约75 km。自从1976年温州地震台建成并投入观测以来,直到2002年7月28日水库区发生地震以前,水库区周围50 km范围没有记录到地震活动。

本书使用的1969年以前的地震目录均来自于《浙江省历史地震年表》,1970年以后的地震目录来自于中国地震台网通过网络发布和交换的全国地震月报目录。据史料记载,水库大坝周围1°×1°范围内历史上曾发生4.0级以上地震9次,其中,震级最大的为1574年庆元5.5级地震,距离水库大坝最近的为1514年8月20日泰顺4.0级地震。水库区1°×1°范围内1970年以来记录到2.0级以上地震8次,见表3.1和图3.1。水库及附近地区地震活动频度低、强度弱。

表3.1　珊溪水库大坝周围1°×1°范围内地震目录(2002年7月27日以前)

日　　期	经度(°E)	纬　度(°N)	地　点	震　级
1514 – 08 – 20	27.60	119.70	泰　顺	4.0
1574	27.60	119.10	庆　元	5.5
1605 – 11 – 24	27.90	120.80	温　州	4.5
1781 – 04 – 09	27.90	120.90	瑞安、乐清之间	4.0
1792 – 04 – 03	28.10	121.00	乐　清	4.0
1813 – 10 – 17	28.00	120.70	温　州	4.8
1866 – 09 – 21	28.00	119.60	景　宁	4.8
1917 – 03 – 01	27.70	119.40	庆元、景宁之间	4.5
1926 – 06 – 29	27.00	121.00	东　海	5.3
1976 – 11 – 24	28.50	120.08	庆　元	2.1
1980 – 08 – 13	27.53	119.00	庆　元	2.3
1981 – 01 – 14	27.10	120.80	东　海	2.8
1988 – 08 – 11	27.93	120.67	温　州	2.2
1998 – 02 – 24	27.55	119.12	庆　元	2.4
1998 – 02 – 24	27.58	119.12	庆　元	3.6
2002 – 01 – 20	27.20	120.17	福建福鼎	2.0
2002 – 04 – 04	27.18	120.18	福建福鼎	2.0

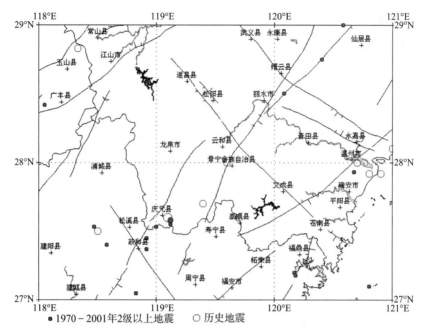

图3.1 珊溪水库区域历史地震分布

3.2 地震活动统计特征

3.2.1 地震活动概况

珊溪水库位于浙江省温州市飞云江干流上游河段,坝址位于文成县珊溪镇上游1 km的峡谷地段。水库绝对坝高156.8 m,坝长308 m,设计最高库容18.24 m³,最大水位154.75 m。大坝为钢筋混泥土面板堆面坝,工程于1996年动工,2001年12月竣工。水库于2000年5月12日开始下闸蓄水,2002年7月28日水库区发生M_L 3.5级地震,之后水库区每年都有地震活动。截至2014年12月,水库区地震活动持续时间已经超过12年,组成了一个活动时间超过12年的地震序列(图3.2),截至2014年12月31日,地震台网已经记录到0级(为M_L震级,下同)以上地震共计8073次,其中M_L 1.0~1.9级1897次,M_L 2.0~2.9级420次,M_L 3.0~3.9级89次,M_L 4.0级以上21次,最大为2006年2月9日M_L 4.6级。地震序列具有成丛、成组分布的特点,活动最为显著的有3丛:第1丛从2002年7月28日至2002年9月中旬,发生2.0级以上地震25次,其中3.0级以上4次,最大3.9级;第2丛从2006年2月4日至2006年年底,发生2.0级以上地震270次,其中3.0～3.9级42次,4.0级以上13次,最大4.6级;第3丛从2014年9月12日开始,截至2014年12月31日,发生2.0级以上地震229次,其中3.0～3.9级43次,4.0级以上8次,最大4.4级。

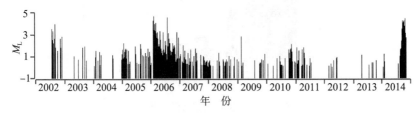

图3.2　珊溪水库M_L≥0级地震分布(2002年7月28日—2014年9月23日)

地震绝大部分发生在大坝上游的文成县珊溪镇与泰顺县包垟乡交界处的库首区,震中非常集中,基本上分布在水库淹没区及两侧沿岸。水库两岸地震离开水体的最大距离约为5 km。震中分布呈现出NW向展布的优势方向,优势展布方向与双溪—焦溪垟断裂的走向相近;震中区长轴约为14 km,短轴约为4 km。地震集中区有f_{11}、f_{14}和f_{15}等多组断裂穿过(图2.1),且主要沿穿过水库淹没区的NW向双溪—焦溪垟断裂f_{11}分布。2002年地震主要发生在f_{11}断裂中部,2006年地震主要发生在f_{11}断裂东南段,2014年地震主要发生在f_{11}断裂西北段。

地震震源比较浅,一般发生2.0级以上地震时震中区就有震感。由于各时期地震监测台站的数量不同,地震发生初期水库区没有台站,直到2008年以后才建立比较完善的地震监测台网,因此,各时期地震监测能力不同,能够监测到最小地震的震级、震源深度的精度也不同。2002年7月—2007年12月,珊溪水库发生地震共计3653次,其中地震台网测定了569次地震的震源深度,占地震总数的15.6%。2008年起,珊溪水库库区30 km范围内有8个测震台站,绝大多数地震能被4个以上台站记录到,能够给出震源深度。2008年—2014年,珊溪水库发生地震共计4420次,其中地震台网测定了4391次地震的震源深度,占地震总数的99.3%。图3.3为2002年7月—2014年12月珊溪水库地震震源深度分布。地震的平均震源深度为5.5 km,其中震源深度3.0～7.9 km的地震占总数83.5%,小于3.0 km的地震占总数7.7%,大于7.9 km的地震占总数的8.8%。

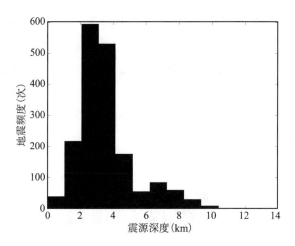

图3.3　珊溪水库地震震源深度分布

3.2.2　地震序列时间演化

(1) 地震序列总体特征

在时间上很集中,在地点上处于同一震源体内,在同一孕震过程中发生的一系列地震称为一个地震序列(国家地震局预测预防司,1997)。国内外地震学者对地震序列的类型及其特征做过许多有益的工作。新西兰学者埃维逊(1978)曾对震群做过定义,认为震群是这样一个地震序列:其中没有一个地震在震级上明显超过其余地震。日本学者认为震群活动是指缓慢开始并缓慢结束且数目很多的一群地震(宇津德治,1990),并把震群特征归纳为:①不包括可称为主震那样震级差别悬殊的地震;②观测到的地震数目很多;③活动缓慢开始并缓慢结束;④内陆发生的震群其震源多数很浅;⑤震群的震源范围,与其中最大地震的余震区范围相比,一般都要大很多。

针对中国大陆地震序列类型所开展的研究中,吴开统等(1971)根据地震序列中能量分布、主震能量占全序列能量的比例、主震和最大余震的震级差以及大小地震的频次,认为地震序列有三种基本类型:在整个地震序列发生过程中,主震非常突出、余震十分丰富的序列为主–余型;有两个以上大小相近的主震、十分丰富的余震的序列为多震型;有突出的主震、次数少的余震、强度低的序列为孤立型。陆远忠等(1984)结合我国东部震群活动特征,对震群做了如下定义:①地震序列的震中分布一般在不大于2500 km²的矩形区域内,而且与外围地震的分布有较为明确的界限,地震频度大于等于每日3次,总次数大于等于10次;

②序列中最大震级 M_L<5.2，最大震级与次大震级之差 ΔM_L≤1.1；③在序列开始前和结束后连续15天之内未记录到 M_L≥1.0级地震。周惠兰等（1980）依据主震所释放能量占全序列所释放能量的比例 R_E 来进行划分，约定 R_E≥99.99% 为孤立型，R_E<90% 为震群型或双震型，90%≤R_E<99.99% 为主-余型。蒋海昆等（2006）统一以地震序列主震与12个月内最大余震之间的震级差 ΔM 进行地震序列类型划分，并给出了划分标准：①ΔM≥2.5 且余震次数较少为孤立型；②0.6≤ΔM≤2.4 为主-余型；③ΔM<0.6 为多震型，即包含双震型和震群型序列。事实上，地震序列能量主要来源于高震级地震的贡献；若以序列中最大两次地震的能量近似地代替序列总能量，则序列类型划分的震级差 ΔM 判据与能量判据是相对应的。

按照序列类型划分的震级差 ΔM 判据判别，显然珊溪水库地震属于震群型地震。截至2016年3月，珊溪水库地震序列的持续时间已经超过12年，并且序列具有成丛、成组活动的特点。为了更好地分析整个序列的阶段特征，我们进一步把序列划分为若干个子序列。细分出来的每个子序列应满足如下两个条件：①地震频发时每日频度大于等于3次，总次数大于等于10次；②子序列开始前和结束后连续10天之内未记录到 M_L≥1.0级地震。按照这两个条件一共划分出5个子序列（见表3.2）。根据震级差 ΔM 判据或能量判据可以判定，每个子序列均属于震群。因此，珊溪水库地震序列是由5个震群构成的地震活动。为了方便，以下叙述中以表3.2中序列划分序号代表相应的子序列，如1号子序列代表2002年7月28日—2002年9月10日发生的地震。图3.4为5个子序列的 $M-t$ 图和5日频度曲线。尽管5个子序列的持续时间、最大震级、发生的地震次数等存在较大差异，但地震频度曲线均存在多个峰值，即震群活动存在多次起伏。

表3.2 珊溪水库地震序列划分

序列划分	起止时间	最大震级 M_L	M_L≥1.0级地震次数	最大与次大地震震级差 ΔM	ΔM≤0.5 地震次数	持续时间（天）	序列类型
1	2002-07-28—2002-09-10	3.9	39	0.4	2	44	震群
2	2005-01-01—2005-03-03	2.2	19	0.1	5	62	震群
3	2006-02-04—2006-11-08	4.6	1148	0.1	11	277	震群
4	2010-10-05—2010-11-15	2.1	18	0.3	12	41	震群
5	2014-08-25—2015-03-31	4.4	1166	0.2	10	218	震群

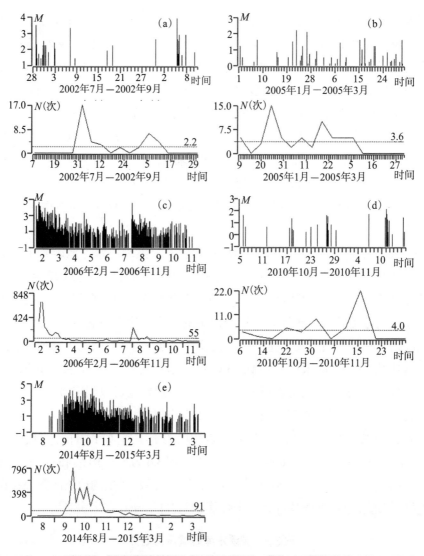

图3.4 珊溪水库地震5个子序列$M-t$图和5日频度曲线

（2）地震序列b值时空分布

古登堡（Gutenberg）和里克特（Richter）（1944）通过研究美国加州地震活动特点，提出了著名的地震震级－频度关系式$\lg N(M)=a-bM$，其中b值表征了地震序列中大小震级的比例关系。震级－频度关系式被认为是描述地震活动性最为普适的规律之一，是地震的最重要性质之一，并被广泛应用在地震学有关问题的研究之中。20世纪60年代，茂木清夫（Mogi）和肖尔茨（Scholz）在岩石破裂实验基础上，分别解释b值的物理意义（Mogi，1962；Scholz，1968）。茂木清夫认为，b 值反映了介质内部微观构造上的不均匀程度，在均匀加载的情况下，介质不均匀程度越高，断裂面的传播边界就越容易碰上低水平的应力点而停止，因而小破裂所占的比例也就越高，b 值也越大。肖尔茨则认为，b 值主要代表着介质内部应力水平的高低，b 值随介质应力水平的升高而减小。介质应力值越高，在岩石断裂面的边界上处于高水平的应力点所占的比重越大，破裂前沿变得更容易推进，此时大破裂的比例也越大，b 值越小。因此，地震震级–频度关系式实质上反映了震源区的介质特征和应力水平。

将珊溪水库地震序列所有地震用最小二乘法进行拟合，得到整个序列的 b 值为0.69（图3.5），该 b 值与华南地区地震序列 b 值（0.77±0.7）基本一致（傅征祥等，2008）。地震学中也常常使用地震频度–震级分布来确定完整地震目录震级下限，图3.5表明珊溪水库地震目录中 $M_L \geq 0.5$ 级地震是完整的。

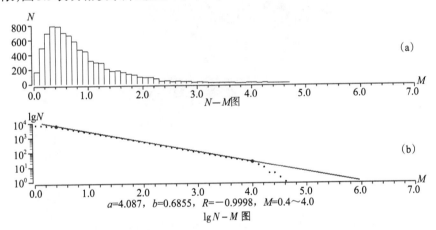

图3.5 珊溪水库地震 $\lg N - M$ 分布

由于震级–频度关系式中的 b 值大小反映了应力水平的高低，因此，可根据 b 值的空间分布来揭示和推断断裂带不同段落现今相对应力水平的空间分布，从中区分出正处于相对高应力积累的段落或者凹凸体段落（Wiemer & Wyss，1997；Wyss et al.，2000；易桂喜等，2004），进一步了解发震断层面的介质非均匀状态和应力分布状态。

沿断裂带小震活动的相对密集地带以0.1°×0.1°的间距进行网格化，挑选出每个网格统计单元内的地震资料。对于每一个统计单元，首先确定能满足整个研究时段的最小完整性震级 M_{min}；然后选取出该单元内震级 $M \geq M_{min}$ 的地震资料，根据古登堡–里克特关系式，利用最小二乘法计算 b 值，作为该单元中心点的 b 值；最后，由全部节点 b 值数据绘制沿断裂带的 b 值空间分布等值线图。图

3.6为由2002年7月—2015年3月地震资料得到的b值分布,NW向双溪—焦溪垟断裂中段、西北段以及断裂外围的西北部b值相对较低,断裂东南段和断裂外围的东北部b值相对较高。图3.6是采用全部资料计算得到的平均结果。由于珊溪水库地震监测台网的变化,2007年11月前、后水库台网监测能力发生了变化。我们使用2007年11月—2015年3月地震资料重新计算b值,并绘制b值沿NW向断裂在平面上的分布(图3.7)和平行断裂的剖面上的分布(图3.8);低b值主要集中分布在断裂西北端,反映断裂西北端应力仍处于较高水平。

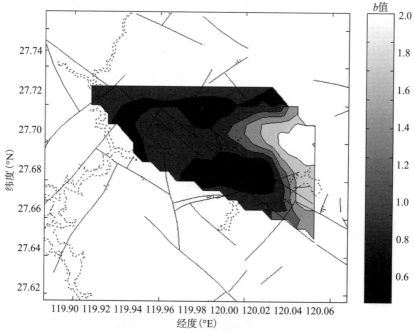

图3.6 珊溪水库地震(2002年7月—2015年3月)b值分布

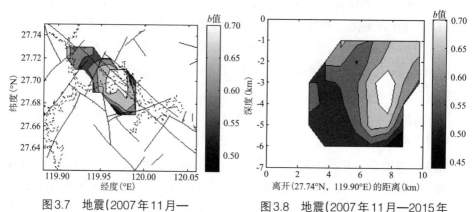

图3.7 地震(2007年11月— 2015年3月)b值在平面的分布

图3.8 地震(2007年11月—2015年 3月)b值在北西向剖面上的分布

总体上,地震 b 值有逐渐升高的趋势(图3.9),即震中区应力水平有逐渐降低的趋势。特别是2006年震群之前地震 b 值较低,之后,尽管 b 值有起伏,但总体上有所增大,说明2006年震群活动后震中区应力得到一定程度的释放。

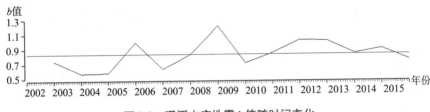

图3.9 珊溪水库地震 b 值随时间变化

(3) 地震序列频度衰减

● 频度曲线

地震序列中地震累计频度 N 随时间 t 的变化可以表示为如下三种主要函数形态:

①幂函数形态: $\ln N = A + B\ln t$, A 、 B 为待定常数。

②指数函数形态: $\ln N = C + Dt$, C 、 D 为待定常数。

③线性函数形态: $N = E + Ft$, E 、 F 为待定常数。

当 N 大于4时即可进行 $N-t$ 函数拟合,三类函数中相关系数最大者为最佳拟合(中国地震局监测预报司,2007)。

按照3.2.2(1)节的划分,珊溪水库地震序列由5个子序列组成。假设地震累计日频度为 N ,对5个子序列分别计算和绘制 $N-t$ 、 $\ln N-t$ 和 $\ln N-\ln t$ 曲线图(图3.10—图3.12)。综合分析图3.10—图3.12表明,除4号子序列外,其余4个子序列的演化均可以看成由两个阶段组成。对5个子序列的每个阶段分别用幂函数、指数函数、线性函数进行拟合,并给出相关系数(表3.3)。由于地震监测能力的原因,1号子序列 $M_{\text{L}}<2.0$ 级地震记录不完全,拟合误差比较大,本小节暂不做分析。如前所述,3号、5号子序列是整个地震序列中频度最高、震级水平最高的两次震群活动。这两次震群活动的地震累计频度变化特征既有相同又有差别。开始阶段,3号子序列的累计日频度按照指数函数关系变化,5号子序列则符合线性函数变化规律;后一阶段,两个子序列都是遵从幂函数规律衰减的。尽管2号子序列累计日频度变化也可以划分为两个阶段,但两个阶段基本都遵从指数规律变化。4号子序列的累计日频度变化也是遵从指数规律变化的。

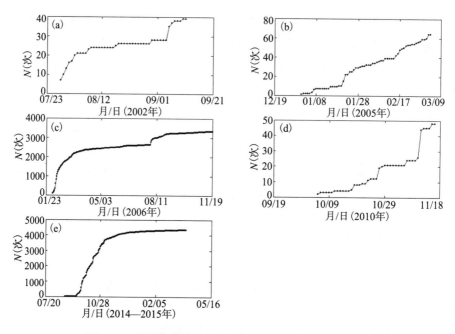

图3.10 珊溪水库地震各子序列累计日频度随时间变化

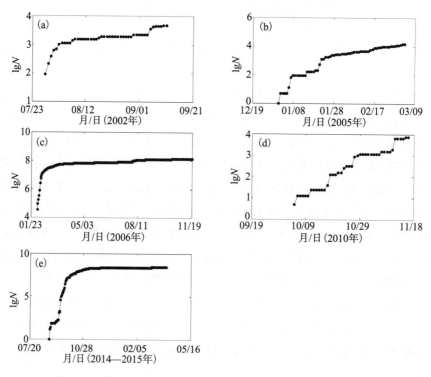

图3.11 珊溪水库地震各子序列累计日频度的对数随时间变化

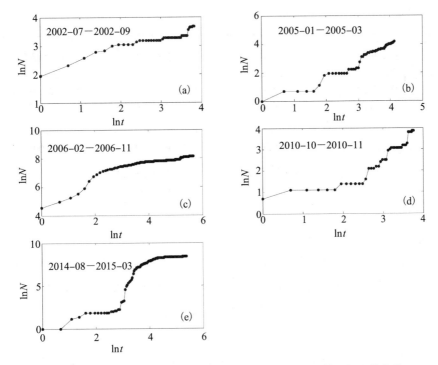

图3.12 珊溪水库地震各子序列累计日频度 – 时间双对数坐标上的变化

表3.3 各地震子序列累计日频度拟合函数表达式

子序列号	起止时间	幂函数	指数函数	线性函数
1	2002-07-28—2002-09-10	$\ln N = 0.58\ln t + 1.93$, $r = 0.99$	$\ln N = 0.18t + 1.93$, $r = 0.92$	$N = 2.35t + 5.43$, $r = 0.98$
		$\ln N = 0.15\ln t + 2.87$, $r = 0.6$	$\ln N = 0.01t + 3.02$, $r = 0.8$	$N = 0.4t + 19.51$, $r = 0.76$
2	2005-01-01—2005-03-03	$\ln N = 0.94\ln t - 0.29$, $r = 0.89$	$\ln N = 0.11t + 0.49$, $r = 0.88$	$N = 0.81t - 1.48$, $r = 0.78$
		$\ln N = 0.28\ln t + 2.95$, $r = 0.83$	$\ln N = 0.02t + 3.26$, $r = 0.98$	$N = t + 23.1$, $r = 0.97$
3	2006-02-04—2006-11-08	$\ln N = 1.2\ln t + 4.19$, $r = 0.92$	$\ln N = 0.32t + 4.27$, $r = 0.98$	$N = 135.7t - 177.5$, $r = 0.94$
		$\ln N = 0.2\ln t + 6.93$, $r = 0.94$	$\ln N = 0.002t + 7.55$, $r = 0.85$	$N = 5.9t + 1857.9$, $r = 0.92$

续　表

子序列号	起止时间	幂函数	指数函数	线性函数
4	2010-10-05—2010-11-15	$\ln N = 0.99\ln t - 0.33$, $r = 0.84$	$\ln N = 0.07t + 0.83$, $r = 0.96$	$N = 1.04t - 5.63$, $r = 0.86$
5	2014-08-25—2015-03-31	$\ln N = 1.56\ln t + 2.26$, $r = 0.96$	$\ln N = 0.07t + 4.95$, $r = 0.69$	$N = 71.8t - 142.9$, $r = 0.99$
		$\ln N = 0.04\ln t + 8.16$, $r = 0.96$	$\ln N = 0.001t + 8.27$, $r = 0.82$	$N = 3.9t + 3900$, $r = 0.8$

● 大森余震衰减规律

日本地震学家大森(Omori,1894)研究了1891年日本中部美浓(Nobi)8级大地震和其他两次日本地震的有感余震,按半日和月频度衰减情况,指出单位时间内余震频度 $n(t)$ 随时间 t 的变化可以很好地表达为:

$$n(t) = K(t + c)^{-1} \tag{3.1}$$

式中, K 和 c 为常数。t 从主震发震时间算起, $t = 0, 1, 2, \cdots$,为相应第1、第2、……单位时间间隔。

大森余震随时间衰减的规律与古登堡和里克特提出的震级 - 频度关系,被誉为地震活动性研究的两大统计规律,它们形式简单而又应用广泛。

在大森提出余震衰减规律后,许多研究表明,不同地震的余震衰减率指数往往不等于1(Hirano,1924;Jeffereys,1938;Utsu,1957)。Utsu强调,有些地震的余震活动衰减比 Omori 公式预期的要快,这种差别可能与区域构造条件有关(Utsu et al.,1995)。Utsu(1957)建议采用修改的 Omori 公式

$$n(t) = K(t + c)^{-p} \tag{3.2}$$

式中, c 为很小的正数, p 为衰减系数。当 $p = 1$ 时,式(3.2)即是大森公式[式(3.1)]。根据修改的大森公式[式(3.2)]求出 t 小时之内的地震数(累计地震数) $N(t)$ 为

$$n(t) = \int_0^t n(s)\mathrm{d}s = \int_0^t K(s + c)^{-p}\mathrm{d}s = \frac{K}{p-1}\left[c^{1-p} - (t + c)^{1-p}\right]$$

当 $p > 1$ 时,最终余震数 $N(\infty) = \dfrac{K}{p-1}c^{1-p}$ 是有限的。当 $p \leqslant 1$ 时, $N(t \to \infty) \to \infty$,即余震数是无限的,余震永远不会消失。由于 c 通常很小,当 t 较大时,式(3.2)可以写为

$$n(t) = Kt^{-p} \tag{3.3}$$

使用式(3.3)可以很方便地求出p：既可以在频度和时间的双对数曲线上，读取曲线的斜率即为p，也可以用最小二乘法对双对数数据进行拟合，求出直线的斜率，从而获取p值。近百年来，基于修改的大森余震衰减规律，关于地震序列的研究成果不胜枚举，随后叙述的h值方法即是大森余震衰减规律推广应用的一个典型例子。修改的大森余震衰减规律多应用于对序列衰减特性的定量描述。

如前所述，由于1号子序列地震目录不完整，2号、4号子序列最大震级分别为2.2级和2.1级，累计日频度按照指数规律变化，因此，本节重点分析3号、5号子序列的衰减情况。在使用大森公式计算序列衰减系数之前，先对地震日频度变化情况进行总体的概要分析。地震日频度从0次到几百次变化，数值跨度很大，在频度图上很难清晰表现出低频度变化情况，因此，我们采用地震日频度的对数代替地震日频度。为了避免出现0取对数的情况，实际上是采用地震日频度$N+1$取对数，绘制$\lg(N+1)-t$图。图3.13为3号子序列$\lg(N+1)-t$曲线。该子序列分别在2006年2月上旬和8月1日发生了多次4级以上地震，地震活动在8月份出现了一次大的起伏，因此，我们以2006年7月31日为界把该子序列分成两个时间段进行分析。2006年7月30日以前的时间段，地震频度经历了"起伏升高—衰减—低频次中波动"的变化，衰减出现在2006年2月9日—4月14日；2006年7月31日以后的时间段，地震频度经历了"快速升高—衰减—低频次中波动"的变化，衰减出现在2006年8月1日—9月4日(图3.13)。

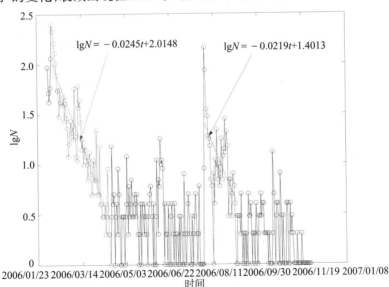

图3.13　3号子序列地震日频度的对数随时间变化

使用修改的大森公式分别对2006年2月9日—4月14日和8月1日—9月4日两个时间段的地震日频度进行拟合,得到2006年2月9日—4月14日地震频度衰减关系: $n(t)=735.1(t+1.5)^{-1.2}$,即地震衰减指数 $p=1.2$(图3.14)。这一时间段地震日频度变化的总趋势是逐渐衰减,但在3月6日—13日出现了起伏,实际发生的地震日频度偏离了拟合曲线。进一步对3月10日—7月30日的日频度进行拟合,得到: $n(t)=92.76(t+0.5)^{-1}$,即地震衰减指数 $p=1.0$,3月10日—7月30日地震衰减遵从大森公式。8月1日—9月4日地震频度衰减关系为: $n(t)=190.6(t+0.2)^{-1.5}$,即地震衰减指数 $p=1.5$(图3.15)。

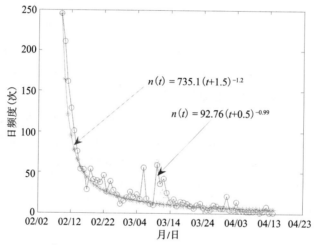

图3.14　2006年2月9日至4月14日地震日频度与修改的大森公式拟合

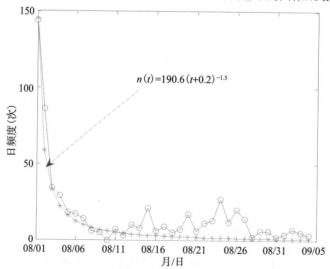

图3.15　2006年8月1日至9月4日地震日频度与修改的大森公式拟合

图3.16为5号子序列$\lg(N+1)-t$曲线。该子序列的地震日频度在2014年10月15日开始呈现衰减,由最高的每日231次衰减到12月31日的0次;2015年以后,地震日频度在0~11次之间波动。如同前面,使用修改的大森公式对2014年10月15日—12月27日的地震日频度进行拟合,得到地震频度衰减关系:$n(t)=365.04(t+0.6)^{-1}$,即地震衰减指数$p=1.0$(图3.17)。虽然地震总体呈衰减趋势,但在2014年10月25日前后出现起伏,实际发生的地震日频度偏离了拟合曲线。进一步对2014年10月25日以后地震日频度进行拟合,得到地震频度衰减

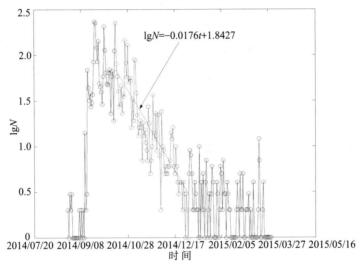

图3.16 5号子序列地震日频度的对数随时间变化

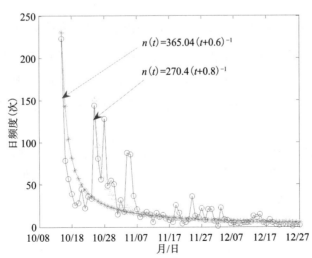

图3.17 2014年10月15日—12月27日地震日频度与修改的大森公式拟合

关系: $n(t) = 270.4(t + 0.8)^{-1}$,地震衰减指数 $p = 1.0$。尽管 5 号子序列在衰减过程中出现了起伏,但衰减指数没有发生变化,因此,5 号子序列衰减遵循大森公式。

● h 值

刘正荣等(1979;1984;1986)在研究地震序列的频度衰减时,采用了修改的大森公式

$$n(t) = n_1 t^{-h} \tag{3.4}$$

式中,$n(t)$ 是主震(假定为主震;其可能是主震,也可能不是主震)后第 t 天的地震次数,n_1 是假定主震后第一天的地震次数,h 为余震次数(余震日频度)随时间 t 的衰减系数。假定式(3.4)是连续的,则从假定主震发生时刻至 t 时刻所发生的地震次数 $N(t)$ 为

$$N(t) = \int_{0.5}^{t} n_1 t^{-h} \mathrm{d}t \tag{3.5}$$

式中,积分下限 0.5 是因为连续函数讨论时,与第一天($t=1$)的地震次数相应的式(3.5)的积分上、下限应当是 0.5 与 1.5。更仔细的考虑表明,积分下限是衰减系数 h 的函数。设积分下限为 K,则

$$N(t) = \int_{K}^{t} n_1 t^{-h} \mathrm{d}t \tag{3.6}$$

$$N(t) = \frac{n_1}{1-h} t^{1-h} - \frac{n_1}{1-h} K^{1-h}, \quad h \neq 1 \tag{3.7a}$$

$$N(t) = n_1(\ln t - \ln K), \quad h = 1 \tag{3.7b}$$

若 $h > 1$,当 $t \to \infty$ 时,$N(\infty) = \frac{n_1}{h-1} K^{1-h}$;由于 h 为定值且 K 为一常数,故 $N(\infty)$ 有一个确定的数值,即余震的总次数有限,震源区能量释放有限,且为一定值。

若 $h \leqslant 1$,当 $t \to \infty$ 时,$N(\infty) \to \infty$,理论上以后还有无穷多的地震,震源区还有无穷大的能量要释放。此种情况下,前述假定的主震并非主震,后续还将发生更大的地震。

式(3.7a)左端是时间为从 0 至 t 的余震总数。当 $h > 1$ 时右端第二项为时间从 K 至无穷时的地震总数,右端第一项为时间从 t 至无穷时的地震总数。假定时间 t 以后的地震不足一次,也就是说地震已发生完毕,相应的时间记为 t_c,通常把 t_c 称为余震的截止时间。则有

$$\frac{n_1}{h-1} t^{1-h} < 1 \tag{3.8}$$

$$t_c = \left(\frac{n_1}{h-1}\right)^{\frac{1}{h-1}} \tag{3.9}$$

当h大于1并接近于1时,t_c将很大,即余震衰减得很慢,地震序列将持续很长的时间。当n_1很大时t_c亦很大,这有两种含义:一是说明第一天的地震特别多;二是说明较大的余震持续时间较短,较小的余震持续时间较长。

在实际应用中,计算h值最直观的方法是h值量板法。将式(3.7a)、(3.7b)等号两边分别除以n_1,得到归一化地震累计频次$N_c(t)$:

$$\begin{cases} N_c(t) = \dfrac{1}{h-1}\left(K^{1-h} - t^{1-h}\right), & h \neq 1 \\ N_c(t) = \ln t - \ln K, & h = 1 \end{cases} \tag{3.10}$$

归一化地震累计频次$N_c(t)$是h和t的函数。令$h=0.3,0.4,\cdots,3.0$,以及$t=1.5,2.5,\cdots$,可以求得一系列的$N_c(t)$数值,并在单对数坐标上绘制成曲线族,这便是工作中使用的量版底图。工作时首先选定$M_{\min}=M_c-0.05$,M_c是序列最小完备震级。计算假定主震以后每天24小时$M \geq M_c$的地震次数n_t,然后求归一化累计地震频次$N_c(t)=\sum\limits_{t=1}^{i}\dfrac{n_t}{n_1}$;以$N_c(t)$为纵坐标、相应的$\lg t$为横坐标在量板上点图,目视确定与数据列吻合最好的一条曲线,其相应的h值即为所求的h值。

测定h值的量板单对数坐标系,在单对数坐标系中,$x=\lg t$,由式(3.10)可知,$y=\dfrac{1}{1-h}\left[10^{(1-h)x} - K^{1-h}\right]$,求二次导数得

$$\frac{\mathrm{d}^2 y}{\mathrm{d}^2 x} = (\ln 10)^2 (1-h) 10^{(1-h)x} \tag{3.11}$$

由式(3.11)可知,当$h<1$时,$\dfrac{\mathrm{d}^2 y}{\mathrm{d}^2 x}>0$,曲线上翘,假定的主震并非主震,后续还将发生更大的地震,即地震序列为前震;当$h>1$时,$\dfrac{\mathrm{d}^2 y}{\mathrm{d}^2 x}<0$,曲线下弯,呈现逐渐转平的趋势,地震序列为余震。

与使用大森余震衰减规律讨论序列衰减一样,这里只计算3号、5号子序列的h值。由于3号子序列在2006年8月1日前后出现了很大的起伏,并在8月1日发生了4.5级地震,因此,3号子序列分别计算了2006年2月9日—7月20日和2006年8月1日—11月8日两个时间段的h值(图3.18)。2006年2月9日—7月20日,序列$h=0.8$,表明序列衰减不正常,计算时假设的主震并非主震;2006年8月1日—11月8日,序列$h=1.3$,表明序列衰减正常。5号子序列$h=0.8$(图3.19),由于目前震区仍有地震活动,因此,该序列的衰减需要继续跟踪。

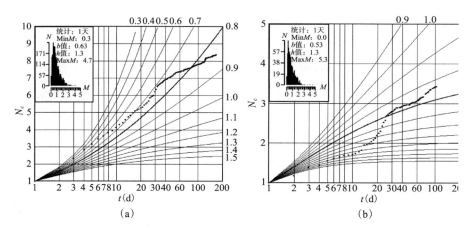

图3.18 3号子序列 h 值
(a)2006年2月9日—7月20日;(b)2006年8月1日—11月8日

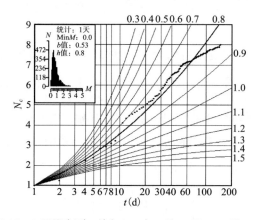

图3.19 5号子序列 h 值(2014年9月12日—12月31日)

(4) 地震序列能量衰减

地震频度分析的研究对象是地震发生次数,没有考虑地震的震级大小,侧重的是小地震。为了更全面分析地震序列的演化,本小节通过分析地震应变释放、地震能量以及能量分布来研究地震序列衰减。与频度侧重于小地震不同,能量侧重于大地震,应变释放曲线则介于两者之间。

● 应变能释放

在地震发生过程中,岩石积累的应变能不是一次释放完毕,而是逐步释放的,伴随各次应变能的释放,便产生一系列地震。在地震活动性研究中,常常通过计算一定范围内各次地震释放的能量、应变释放和发震断层长度等参数来分析地震活动变化,其中地震应变释放 $\sum \sqrt{E}$ 是最为常用的参数。我们常常使用

地震应变释放曲线 $\sum \sqrt{E} - t$ 的起伏来描述地震活动的变化。

假设震源体的平均弹性应变为 ε_1，震源体体积为 V，岩石的弹性常数为 μ，则岩石所积累的应变能 E_0 为

$$E_0 = \frac{1}{2}\mu V \varepsilon_1^2 \tag{3.12}$$

地震时震源体积累的能量 E_0 有一部分转化为地震波能量 E。如果转化效率为 P，则

$$E = PE_0 = \frac{1}{2}P\mu V \varepsilon_1^2 \tag{3.13}$$

对于特定的发震断裂，μ、V、P 可以看做是常数，并记为 $C^2 = \frac{1}{2}P\mu V$。假设地震时岩石积累的应变得到全部释放，即应变减小到零。根据地震弹性回跳学说，此时岩石积累的弹性应变 ε_1 等于应变回跳的增量 ε，这样式(3.13)可以写成更加简洁的形式：$E = C^2\varepsilon^2$，$\varepsilon = \frac{1}{C}\sqrt{E}$，即地震波能量的平方根与地震时产生的弹性回跳应变成正比。因此，$\sum \sqrt{E} - t$ 曲线变化与应变能释放曲线相同。对于有 n 次地震构成的地震序列，其释放的应变为各次地震释放的应变之和 S：

$$S = \frac{1}{C}\sum_{i=1}^{n}\sqrt{E_i}$$

地震波能量可以使用经验公式 $\lg E = 11.8 + 1.5M$ 求得。因此，在实际应用中计算应变释放曲线，就是计算累计各次地震波能量平方根随时间变化的 $\sum \sqrt{E} - t$ 曲线。

研究中通常使用应变释放曲线的外包络线分析地震活动状态的变化。震例研究表明，应变释放曲线的外包络线有近似为直线、曲线上翘和逐渐转平三种基本形态，分别对应于应变释放速率较均匀、地震活动增强、地震活动减弱三种状态。图3.20为各子序列应变释放曲线。由于1号子序列中2级以下的小地震记录不完全，我们在前面没有分析1号子序列的地震频度变化。但是，与频度不同，地震震级相差1级，其能量相差30倍，小震级地震对能量的影响很小，岩石应变释放主要是通过较大地震实现的，因此，1号子序列的应变释放曲线基本反映了岩石应变释放情况。图3.20显示，除4号子序列应变释放曲线上翘以外，其余4个子序列应变释放曲线均为逐渐转平的形态。

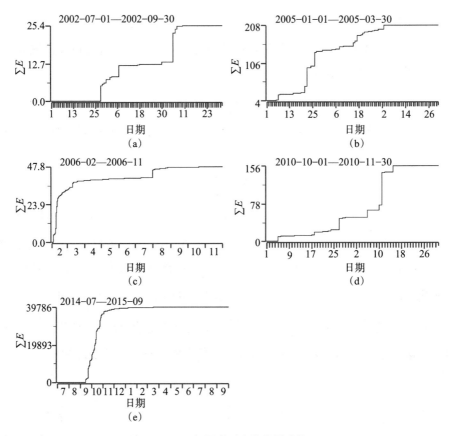

图3.20 各子序列应变释放曲线

● 归一化能量熵 K 值

熵的概念为1865年克劳修斯在研究热机效应过程中提出,目前已广泛应用于自然和社会科学。信息熵是信息论中描述信息源本身统计特性的一个物理量。朱传镇和王林瑛(1989)从系统论的角度考虑地震孕育过程,利用地震信息熵方法定量分析地震序列的活动过程。给出的能量熵值 K 值是一个描述地震序列能量分配均匀程度的统计量。K 值定义为:

$$K = -\sum_{i=1}^{N} P_i \log_2 P_i / \log_2 N$$

$$P_i = E_i / \sum_{i=1}^{N} E_i$$

$$\lg E_i = 1.5 M_i + 11.8$$

式中,E_i 为震群序列中第 i 次地震能量,N 为序列中超过某一给定震级的地震总次数,M_i 为第 i 次地震的 M_s 标度震级。

$$K = \frac{\ln S}{\ln N} - \frac{3.453}{\ln N} \cdot \frac{\sum_{i=1}^{N-1} \Delta_i S_i}{S}$$

式中，$\Delta_i = M_i - M_N$，$i = 1, 2, \cdots, N-1$；$S_i = 10^{1.5}\Delta_i = 10^{1.5}(M_i - M_N)$；$S = S_1 + S_2 + \cdots + S_{N-1} + 1$。这里，$N$ 为地震总次数（$N \geqslant 4$），M_i 为每次地震的震级，M_N 为序列中的最小震级。计算 K 值时事先对地震序列的震级重新进行排列，使其满足 $M_1 \geqslant M_2 \geqslant \cdots \geqslant M_N$。若序列中地震能量均匀分布，则 $K = 1$；若能量完全集中在一次地震上，则 $K = 0$。一般情况下有 $0 < K < 1$，K 值表征了震群中各次地震能量分布的均匀度。

用信息论观点来看，信息熵是系统内部概率分布发生变化的反映。如果震群信息熵增大，则说明震源区局部地壳介质系统内的地震活动概率分布发生了较大变化，这种变化可能是由介质的受力状态或其他物理原因所引起。震例研究表明，当出现 $K > 0.8$ 的震群后，在一定时空范围内，强震发生的概率将会增加。通常把 $K \geqslant 0.8$ 的震群判定为前兆震群（宋俊高，1989），即震群活动预示着在周围一定范围内将发生大地震。

此外，为了从更多的侧面表征和分析地震序列的时间及强度演化特征，序列研究中还定义了地震能量释放均匀度 U 值、地震发生方式参数 ρ 值等。

地震能量释放均匀度 U 值是指一个地震序列中释放90%的应变能所需要的最短时间 T 与全序列所持续的时间 T_0 之比：$U = \frac{T}{T_0}$。U 值表征了震群序列释放应变能的方式，称为能量释放均匀度，其取值范围为 $0 \sim 1$（陆远忠等，1984）。

假设震群序列中的地震时间间隔 τ 服从 Weibull 分布，即 $f(\tau) = \mu\tau^{\rho-1}\exp(-\mu\tau^\rho/\rho)$，式中，$\mu$、$\rho$ 为待定参数。ρ 值表征了序列中地震在时间上的丛集程度，ρ 越小，表征震群在发震时间上的丛集度越高。震例研究表明，前兆震群的 $\rho < 0.55$（王炜和杨德志，1984）。我们分别求出珊溪水库地震5个子序列的震群参数如表3.4所示。

表3.4　珊溪水库地震序列及震群参数

子序列号	起止时间	最大震级 M_L	最大与次大地震震级差 ΔM	$\Delta M \leqslant 0.5$ 地震次数	地震序列参数				
					U	ρ	K	h	b
1	2002-07-28—2002-09-10	3.9	0.4	2	0.90	0.46	0.50	–	0.71

续　表

子序列号	起止时间	最大震级 M_L	最大与次大地震震级差 ΔM	$\Delta M \leq 0.5$ 地震次数	地震序列参数				
					U	ρ	K	h	b
2	2005-01-01—2005-03-03	2.2	0.1	5	0.83	0.55	0.72	0.7	0.74
3	2006-02-04—2006-07-25	4.6	0.1	9	0.2	0.59	0.67	0.8	0.64
	2006-07-31—2006-11-08	4.5	0.5	2	0.22	0.43	0.35	1.3	0.72
4	2010-10-05—2010-11-27	2.1	0.3	12	0.91	0.32	0.59	0.2	0.81
5	2014-08-25—2015-03-31	4.4	0.2	10	0.32	0.6	0.74	0.8	0.7

3.3　地震活动与水库水位变化

3.3.1　水位对地震活动的影响

水库于2000年5月12日下闸蓄水。水库水位的变化大体可以分为四个阶段(图3.21)。第一阶段为2000年5月—2001年3月,水库经历了多次蓄水和放水,水位波动变化较大,最大时平均每天上涨约1.3 m,这一阶段水库的高水位在100 m上下波动。第二阶段为2001年3月底至2004年8月中旬,水位在117 m与135 m之间波动,平均水位约125 m,在这一阶段,水位大于130 m就属于高水位。第三阶段为2004年8月中下旬至2010年12月,水位总体比第二阶段要高,且水位变化比较有规律,大约在125 m至143 m之间周期性波动;一般每年8、9月份水位为140 m左右,是一年中的高水位时期,而2、3月份水位为125 m左右,是一年中的低水位时期。第四个阶段为2011年以后,水位在133 m与139 m之间波动,变化相对平稳,也没有明显的周期。但是,2014年8月中下旬至9月初,水库水位变动较大,水位从8月9日的138.2 m上升到8月21日的142.2 m,在大于140 m的高水位上持续了十几天后,9月初水位下降至138 m左右,之后水位在138 m左右小幅波动,未出现大的起伏。

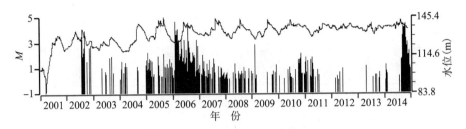

图3.21 珊溪水库水位与地震活动的关系

研究表明,水库水位变化对水库地震活动的影响主要有三种情况:一是水位高程,即水库水位高程越大,地震活动水平越高,水位高程与地震频度呈正相关;二是水位变化速率,即水库水位快速上升和快速下降时,地震活动增强;三是水位达到某些特定高程时即发震。

(1) 水位高程对地震活动的影响

整个地震序列中地震活动起伏很大,分析中使用地震月频度的对数来表示地震活动的强弱变化。但是,当月频度为零时,取对数是没有意义的。为了避免这种情况,分析中采用月频度加1后再取对数,即采用 $\lg(N_m + 1)$ 来描述地震活动的强弱。

水位观测曲线中,既包含有水位高程信息,又包含有水位变动速率快慢信息。为了分析水位高程对地震活动的影响,使用多项式拟合方法去除水位波动过程中的快速升降变化等高频成分,采用变动相对平缓的水位多项式拟合曲线代替实际水位观测数据。图3.22中直方图表示地震月频度(即 $\lg(N_m + 1)$),曲线表示去除快速升降变化等高频成分后的多项式拟合水位。分析水库水位变化高程与地震活动起伏之间的关系时,主要综合如下两方面的因素:一是观察地震月频度的起伏与水位波动之间是否同步变化;二是考虑水库水位变化具有阶段性特征,水库蓄水前期对水库区介质的影响与后期是有差别的(考虑到这种差异性,我们采用相对高水位的概念,即在水库蓄水早期与蓄水后期高水位在具体数值上可以是不同的)。因此,水位高程对地震活动有如下影响:①从发震时间看,地震既有发生在水位高程极大的时候,也有发生在水位高程极小的时候,如2002年7月开始的一丛地震发生在高水位时期,2006年2月开始的一丛地震却发生在水位极低时期;②从地震频度看,高水位时段地震频发和低水位时段地震频发的情况都有。综合地震活动与水位高程,我们认为2001年3月底至2004年8月中旬,水库高水位大于130 m;2004年8月中下旬以后,高水位大于139 m。

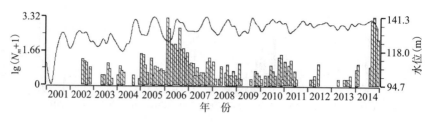

图3.22　珊溪水库水位多项式拟合与地震月频度

（2）水位升降对地震活动的影响

直线的斜率反映了单调变化的一组数据的变化速率；斜率大表示数据的变化速率大。我们使用水库水位变化斜率的绝对值大小来描述水位升降变化的快慢（认为水位快速上升和快速下降对地震活动的影响是一样的）。图3.23为水位变化斜率曲线与地震月频度（即 $\lg(N_m+1)$ ）变化曲线。2009年以前，几乎每年都有一个时间段的水位变动比较大；2009年以后，水位比较平稳，没有出现大起大落的情况。结合地震月频度变化曲线，我们可以经验地确定水位变化斜率 $K_w \geq 0.60$ 时认为水位变化剧烈。我们通过考察地震月频度极值是否与水位变化斜率 $K_w \geq 0.60$ 时间段相对应，来分析地震活动起伏是否受到水位变化的影响。结果表明，水库水位变化与地震活动的关系非常复杂：①地震既有发生在水位上升的时候，也有发生在水位下降的时候；②地震既有发生在水位快速变动的时候，也有发生在水位平稳的时候，如2002年7月开始的一组地震发生在水位快速变化的时候，2010年的一组地震发生在水位平稳的时候。

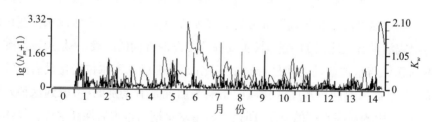

图3.23　珊溪水库水位变化斜率与地震月频度

（3）水位对地震活动的影响

高水位时间段和水位快速变化时间段往往不一致。为了进一步分析这两方面因素对地震活动的影响，分别统计地震活跃时段、高水位时段、水位快速变化时段的时间长度，来分析三者之间的关系。

假设连续2个月的地震频度大于9次，即图3.22和图3.23中月频度对数坐标

值 $\lg(N_m+1)$ 大于等于1且为月频度曲线的极大值点,把该极大值对应的月份连同前后月频度大于等于9次对应的月份一并算作地震活跃时段。按照这种方法统计,2002—2014年的12年间一共有7个地震活跃时段(表3.5),这7个活跃时段中有4个时段处于高水位期间,有2个时段处于水位变动剧烈期间。如果从水库水位及其变化情况看,2001—2014年的13年间一共有9个时段为高水位期,其中只有4个时段地震活动有增强的现象,有9个时段水位波动非常剧烈,其中只有2个时段地震活动有增强的现象。因此,如果考察整个地震序列,水库水位与地震活动的关系很复杂。水库水位对地震活动的影响可能与蓄水时间有关,蓄水前期的影响可能比后期要大,越到后期,影响越小。

为了更直观地反映水位与地震活动的关系,把水位高程和水位变化斜率进行归一化,采用归一化水位 L_n 和归一化斜率 K_n 进行绘图。假设高水位(2004年8月中旬前取130 m,2004年8月中旬后取139 m)时归一化水位 $L_n=1$,用粗黑线段标示出水库处于高水位的时间段,线段越长表示水库处于高水位运行的时间越长(图3.24(a))。假设水位变化剧烈($K_w \geqslant 0.60$)时归一化斜率 $K_n=1$,用粗黑线段标示出水库水位变化剧烈的时间段,线段越长表示水库水位处于快速变化中的时间越长(图3.24(c))。把地震活跃时段用方框框出,如果表示高水位的粗黑线段落在方框内,说明水位高程对地震活动有影响,反之则没有影响;如果表示水位变化剧烈的粗黑线段落在方框内,说明水位变化剧烈时对地震活动有影响,反之则没有影响。

表3.5 地震活动与水位变化统计

水位情况	2002-07—2002-08	2005-01—2005-02	2006-02—2006-03	2006-08—2006-09	2007-10—2007-11	2010-10—2010-11	2014-09—2014-10
是否高水位	是	否	否	是	是	否	是
水位是否快速升降	是	否	否	否	是	否	否

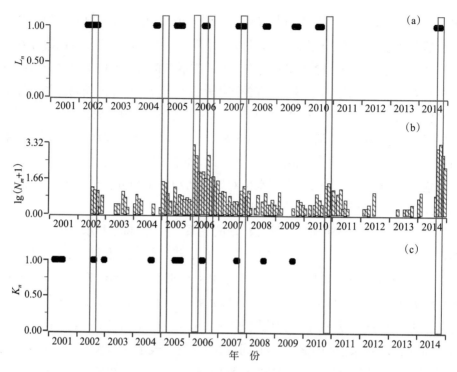

图3.24　归一化水位 L_n、归一化斜率 K_n 和地震月频度

3.3.2　地震活动与水库水位的相关性

水库蓄水在水库地震诱发地震活动中起着重要的作用。许多学者对水库水位与地震活动的关系进行过研究,结果表明,水库蓄水到首次发震的时间间隔很少超过2年(易立新等,2004),平均为3.78年(周昕等,2005),在蓄水初期地震的频次和震级与水位变动关系密切,随后这种相关性变得模糊。因此,有研究提出,水库诱发地震可分为两个阶段(杜运连等,2008),即诱发阶段和窗口阶段。前者为水库诱发地震,属人工地震类;后者为水库构造地震,主要受控于区域应力场,与水库蓄水关系不大。水库从蓄水到初次发震的时间间隔是不同的,短则数天,长则数年,相当离散,即对于不同的水库,水位变化对水库地震的影响是不同的。

为了定量研究水库水位与地震活动的关系,根据模糊数学方法(冯德益等,1985)和水库地震的流体扩散机制假设(Talwani & Acree,1985),提出水库水位对地震活动影响的定量评价方法,用以研究珊溪水库地震序列的阶段性特征,并划分出诱发阶段和窗口阶段,具体步骤如下:

（1）利用模糊数学方法建立从属函数 μ_i（钟羽云等，2013）。

$$\mu_i = \left(1 + \frac{\gamma}{\alpha \times |k_i| \times |r_i| + \beta \times h_w/h_0}\right)^{-1} \tag{3.14}$$

式中，α、β、γ 均为经验常数，k_i 表示水位曲线变化的斜率，r_i 为相关系数，h_0 为水库设计最高水位。μ_i 在区间 $[0,1]$ 取值，表示第 i 个时间段内水位影响程度的大小；此处使用阈值原则进行判别，即当 $\mu_i \geq \lambda$ 时，判别为水位对库区地震活动有影响，反之认为无影响（阈值 λ 由经验确定）。

（2）确定水库水位对地震活动的影响时间。研究表明，水库地震机制主要有水库荷载作用和孔隙压扩散作用两类。水库荷载作用机制一般表现为快速响应型，孔隙压扩散作用机制一般表现为滞后发生型（易立新和车用太，2000）。对于孔隙压扩散作用机制的水库诱发地震，Talwani & Acree（1985）认为诱发作用是由于流体孔隙压力前锋传递到震源位置所致，并且定义了流体扩散率 $\alpha_s = L^2/t$，其中 L 为孔隙压力前锋与震中的特征距离，t 为延迟时间。根据龚钢延和谢原定（1991）的研究，新丰江水库的原地水力扩散率 $\alpha_s = 6.2 \ \mathrm{m}^2/\mathrm{s}$；假设水库地震的震源深度为 5 km，计算出新丰江水库的延迟时间 $t = 46.7$ d，取水库水位对地震活动的影响时间为 50 d。

（3）划分库水位对地震活动有影响时段和无影响时段。利用水库水位资料计算从属函数 μ_i，确定该水库水位对地震活动的影响阈值 λ，统计 $\mu_i \geq \lambda$ 的所有时间段。统计中，如果 $\mu_i \geq \lambda$ 的时间长度小于 50 d，则该时段从 $\mu_i \geq \lambda$ 的日期起统计，按照 50 d 计算；如果 $\mu_i \geq \lambda$ 的时间大于 50 d，则按照 $\mu_i \geq \lambda$ 的实际天数计算。

（4）分别统计水库水位对地震活动有影响时段和无影响时段内发生的日均地震频次，以此划分水库地震的诱发阶段和窗口阶段。

珊溪水库于 2000 年 5 月下闸蓄水，有完整的水位资料，使用式（3.14）计算珊溪水库水位变化从属函数 μ_i。经过多次尝试，计算中取 $\alpha = 0.1$，$\beta = 0.9$。由前面的分析可知，水库水位变化具有阶段性。2001 年 3 月底至 2003 年，水位在 117 m 与 135 m 之间波动，这一阶段水位大于 130 m 就属于高水位；2004 年以后，水位总体高于前期，每年 8、9 月份水位达到 140 m 左右，是一年中的高水位时期，因此，计算中 2003 年及其以前取 $h_0 = 136$ m，2004 年及其以后取 $h_0 = 146$ m。图 3.25 为珊溪水库水位变化从属函数和地震月频度对数的变化，可见 2002 年、2003 年地震月频度变化与水位从属函数变化趋势大体一致，之后两者的变化趋势明显不同。

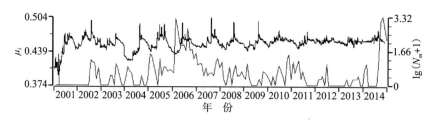

图3.25 水库水位变化从属函数μ_i与地震月频度对数值

为了进一步分析水库水位对地震活动的影响,并考虑 $\mu_i \geq \lambda$ 的时长小于 $\mu_i < \lambda$ 的时长的取值原则,取阈值 $\lambda = 0.47$,并令 $\mu_i \geq 0.47$时, $\mu = 1$; $\mu_i < 0.47$时, $\mu = 0$,统计得到有影响时长($\mu_i \geq 0.47$)约为研究时段总时长的37.2%。图3.26给出了水位变化从属函数归一化 μ 值与地震月频度曲线。由图可见,2002年、2003年地震均发生在水位从属函数归一化 μ 值高值期间,而2004年以后的情况发生了变化,地震既有发生在 μ 值高值期间,也有发生在 μ 值为低值的时候,水位对地震活动的影响不再清晰。因此,珊溪水库地震2002—2003年为诱发阶段,2004年以后为窗口阶段。

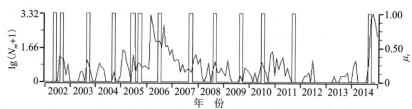

图3.26 水库水位变化从属函数归一化μ值与地震月频度对数值

第4章 震源参数与地震波衰减特征

利用浙江省区域数字地震台网记录的珊溪水库地震波资料,采用Brune模式,通过几何扩散校正、介质非均匀性衰减校正、仪器校正等把速度记录谱归算为震源位移谱,使用遗传算法计算拐角频率及零频极限,进而计算震源半径、地震矩等小震震源参数,并系统分析了各种参数之间的关系。研究使用发生于2002—2014年珊溪水库库区地震345次,地震震级在 M_L 2.0~4.6级之间,数据结果为:地震矩范围为 10^{11}~10^{15} N·m,震源破裂半径为74~727 m,地震矩、拐角频率、矩震级及体波震级之间表现出一定的对数线性或半对数线性关系,应力降与震源半径之间未表现出明显的相关关系,数据结果支持常应力降模型。

搜集了 M_L 2级以上近场记录的波形资料,根据信噪比及计算要求,从中挑选共355个地震在20个台站的千余条记录,通过滤波及去除环境噪声,根据Sato模型,计算地震波传播路径上的尾波 $Q_c(f)$ 值,拟合 $Q_c(f)$ 值与频率 f 之间的关系,得到尾波 $Q_c(f)$ 与频率 f 的关系为 $Q_c(f)=53\pm9.2f^{0.92\pm0.05}$,表明珊溪水库区为低衰减区域,并存在深部高衰减层。

使用P波初动符号方法,选用在12个以上台站中有清楚初动符号的地震,计算单个地震震源机制解,一共得到576次地震震源机制解;结果显示,各次地震震源机制参数具有很好的一致性。统计所有地震震源机制各参数,得到节面Ⅰ走向为北东向,节面Ⅱ走向为北西向;主压应力P轴方位为北北西,最大主张应力T轴方位为北东东向,P轴仰角大多数小于10°。该结果与通过P波初动符号方法求得的小震综合断层面解一致。

4.1 震源参数

　　震源参数是深入研究地震成因、破裂机理和进行地震预测预报的基础数据。研究各种地震震源参数的时空变化特征可以了解地震孕育、发生的应力背景,评估地震发生的危险性等。震源参数的计算从原理上讲比较简单,这方面的研究也比较成熟。一般地,在频率域,对台站记录的地震波资料进行场地响应、仪器响应、几何扩散、非弹性及非均匀性衰减、震源辐射方向性因子校正之后,采用Brune模型(Brune,1970),获得低频极限、拐角频率等固有参数,进而根据一定的理论公式,可计算应力降、震源半径、地震矩等。

　　浙江省数字地震台网记录了大量的珊溪水库地震近场数字地震波波形资料,为水库地震孕育、发生、发展的规律研究提供了丰富的数据资料。本章利用这些资料定量计算地震的震源参数(地震矩、震源深度、应力降等),拟合各种参数之间的相互关系,以期对水库库区的地震构造、地震物理过程、震源特征获得规律性认识。

4.1.1 基本理论

　　台站记录的地震波谱可以表示为下式:

$$S_{ob}(f) = O_{ob}(f) \cdot P(f) \cdot G(f) \cdot I(f) \tag{4.1}$$

式中, $P(f) = R^{-1} \cdot e^{\frac{\pi R f}{Q(f)V_S}}$, $S_{ob}(f)$ 为台站记录谱, $O_{ob}(f)$ 为震源观测谱, $P(f)$ 为路径效应, $G(f)$ 表示场地响应, f 为频率, $I(f)$ 为仪器响应。

　　记录谱可以是速度谱、加速度谱或位移谱,相互之间可以转换。根据Brune模型,理论震源位移谱可以表示为:

$$\left| O_{th}(f) \right| = \Omega_0 \cdot \left[1 + \left(f / f_0 \right)^2 \right]^{-1} \tag{4.2}$$

式中, $O_{th}(f)$ 表示理论震源谱, Ω_0 表示震源谱低频极限值, f_0 表示拐角频率。把 Ω_0 和 f_0 作为独立变量,根据式(4.2),利用遗传算法或最小二乘法,使观测谱和理论谱具有最小残差,确定 Ω_0 和 f_0 ,并由下式获得地震矩 M_0 :

$$\Omega_0 = b \cdot M_0 \tag{4.3}$$

$$b = 4\pi\beta^3\rho\cdot\left[R_s(\varphi,\theta)\cdot R_e\right]^{-1} \tag{4.4}$$

式中，$R_s(\varphi,\theta)$ 为辐射方向性因子，R_e 为自由表面反射系数，ρ 表示地壳介质密度，β 表示 S 波速度，应力降 $\Delta\sigma$、震源半径 r_0 分别使用式（4.5）和（4.6）计算：

$$r_0 = \frac{2.34\beta}{2\pi f_c} \tag{4.5}$$

$$\Delta\sigma = \frac{7}{16}\cdot\frac{M_0}{r_0^3} \tag{4.6}$$

4.1.2　数据处理

(1) 资料选取

珊溪水库及周边布设有密集的观测台站，并且台站仪器稳定运行，因此浙江省台网较好地记录了珊溪水库地震。本章使用的地震波形资料取自浙江数字地震台网。由于该震群持续时间长，在此期间，台站数量和台站仪器型号都有较大变化。2002年库区地震开始活动时，浙江省台网有20个子台，而到2014年再次发生强烈震群活动时，台站数量已达到36个。台站安装的仪器包含有短周期和宽频带等型号（图4.1），短周期地震仪平坦段低端为 1 Hz，宽频带地震仪平坦段低端小于 0.1 Hz，整个台网采样频率为 50 Hz，由此确定的赖奎特频率 25 Hz，实际各仪器平坦段高端为 18 Hz，系统动态范围大于 90 dB。选取震级 M_L 2.0 至 4.6 级之间、信噪比较高的地震波形资料进行计算，一共计算得到345个地震震源参数。

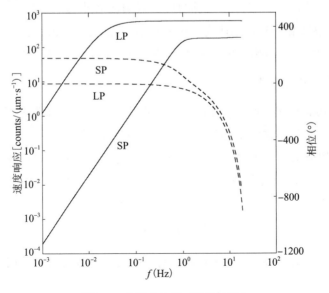

图4.1　仪器响应幅、相频关系图

(2) 振幅谱计算

我们取水平向 S 波记录数据计算富氏谱。选择 S 波段时,要求所取波段包含所有 S 波能量,同时具有较高的信噪比。为了保证地震波谱数据的稳定性,在计算富氏谱时采用了 Chael 提出的延时窗技术。该技术先把 S 波窗分割为小数据段,计算富氏谱,之后以二分之一数据段前移,前次计算数据段的一半被重叠,进行第二次计算,依次类推,这样就获得了整个数据段分割、重叠的 n 段谱数据,最后用式(4.7)把 n 小段数据归算为全部 S 波段波谱数据。

$$O(f) = \frac{1}{2\pi f}\left\{ \left(\sum_{i=1}^{n} d_i^2(f) \right) \cdot T/(nt) \right\}^{1/2} \tag{4.7}$$

式中,$O(f)$ 为观测位移谱,n 为数据段总数,T 为整段 S 波窗长,t 为数据分段窗长,f 代表频率。由于数据为速度记录,进行谱计算时需使用系数 $\frac{1}{2\pi f}$ 转换为位移谱。使用式(4.7)分别计算东西、南北分量震源谱,并根据式(4.8)合成最终震源观测谱。

$$O_{ob}(f) = \left[\left(O_{ew}(f) \right)^2 + \left(O_{ns}(f) \right)^2 \right]^{1/2} \tag{4.8}$$

式中,$O_{ob}(f)$ 为观测谱,$O_{ew}(f)$、$O_{ns}(f)$ 分别为东西向、南北向观测谱。在计算 S 波位移谱的同时计算噪声谱,对噪声太大的地震波记录舍弃(图4.2),对同一地震使用多台记录的振幅谱均值作为有效振幅谱(图4.3)。由于计算中使用体波资料,几何衰减使用 r^{-1} 校正,大量的研究表明,S 波非弹性、非均匀性衰减与其本身的尾波衰减一致。本研究采用朱新运和陈运泰(2007)通过尾波衰减获得的结果进行校正,场地响应采用朱新运(2013)利用反演获得的结果进行校正。

(3) 独立参量计算

依据 Brune 模型,地震位移谱包含着两个独立参数,即零频极限和拐角频率,通过观测谱获得这两个参数是计算震源参数重要的一环。本研究采用遗传算法,以零频极限和拐角频率为独立变量,确定式(4.9)为目标函数,使目标函数最小,进而获得零频极限和拐角频率。

$$\varepsilon = \sum_{k=1}^{p} \frac{\left(O_{ob}(f_k) - O_{th}(f_k) \right)^2}{\sqrt{O_{ob}(f_k) \cdot O_{th}(f_k)}} \tag{4.9}$$

式中,p 为频率点数,ε 表示目标函数值,其余变量符号与以上各式相同。

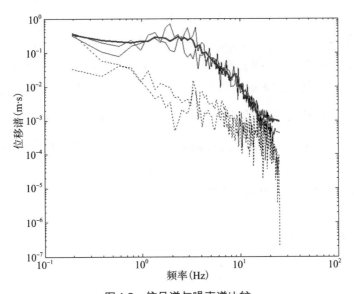

图4.2　信号谱与噪声谱比较

细实线表示南北、东西向谱结果,粗实线平均结果,虚线表示噪声谱结果

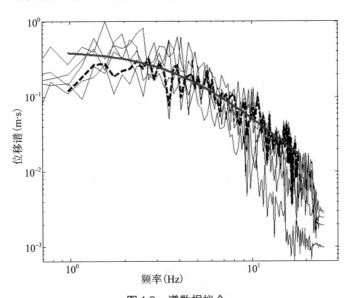

图4.3　谱数据拟合

细实线为各台计算谱数据结果,粗虚线为多台平均结果,粗实线为数据拟合结果

4.1.3　数据结果

计算中取介质密度$2.8×10^3\,kg/m^3$,S波速度$3.5\,km/s$,地震波平均辐射图形因子0.63,自由表面校正项取2.0,一共得到345次M_L 2.0~4.6级地震震源参

数。结果表明,地震矩范围为 $10^{11} \sim 10^{15}$ N·m,震源破裂半径为 74～727 m,地震应力降范围为 0.08～7.7 MPa。进一步对震源参数进行拟合得到,地震矩、拐角频率、矩震级及体波震级之间表现出一定的对数线性或半对数线性关系,应力降与地震矩及震源半径之间未表现出明显的相关关系,数据结果支持常应力降模型。

(1) 近震震级 M_L 与地震矩 M_0 及近震震级 M_L 与矩震级 M_W 的定标关系

使用最小二乘法拟合出近震震级 M_L 与地震矩 M_0 之间的关系(图4.4)为:

$$\lg M_0 = 1.11 M_L + 10.11 \qquad (4.10)$$

Kanamori(1977)给出的地震矩与矩震级之间具有如下关系:

$$M_W = \frac{2}{3} \lg M_0 - 6.07 \qquad (4.11)$$

根据式(4.11)计算矩震级,并拟合 M_W 与 M_L 之间的关系(图4.5)得到:

$$M_W = 0.7447 M_L + 0.7 \qquad (4.12)$$

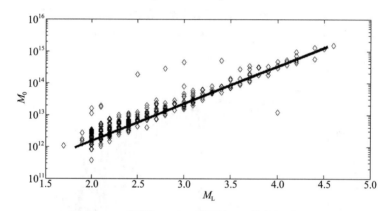

图4.4　地震矩 M_0 与近震震级 M_L 的定标关系

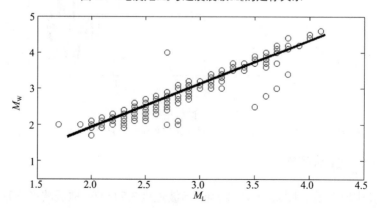

图4.5　矩震级 M_W 与地震震级 M_L 的关系

（2）地震应力降

应力降是表征地震瞬间错动时位错面上的应力变化。地震发生时是否为常数应力降目前还存在争论。珊溪水库地震应力降为0.08～7.7 MPa。从地震应力降与震源半径之间的关系看（图4.6），应力降没有表现出对震源半径依赖关系，符合常应力降模型；平均应力降为0.89 MPa，应力降基本集中在0.08～1.1 MPa（图4.7）。

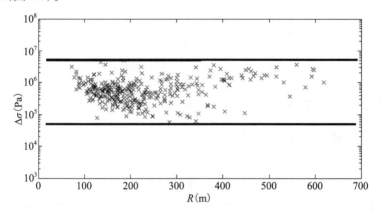

图4.6　应力降与震源半径的关系

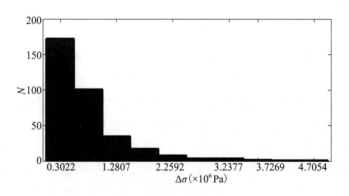

图4.7　地震应力降分布状况

应力降与地震矩在对数坐标下表现出正相关关系（图4.8），关系式为：

$$\lg \Delta\sigma = 0.3 \lg M_0 + 1.78 \qquad (4.13)$$

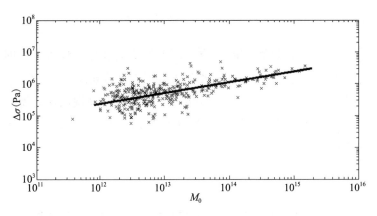

图4.8 应力降与地震矩间的关系

(3) 地震矩与震源尺度及地震矩与拐角频率的定标关系

参照相关研究,利用最小二乘法拟合地震矩与震源半径之间半对数关系,其结果为:

$$\lg M_0 = 0.007R + 8.5 \tag{4.14}$$

拐角频率与地震矩有明显的依赖关系,一般震级越大,拐角频率越小。根据Brune模型,可推导出拐角频率与地震矩之间的关系式为:

$$\lg f_c = -\frac{1}{3}\lg M_0 + \frac{1}{3}\lg \Delta\sigma + C \tag{4.15}$$

根据常应力降模型,用最小二乘法拟合出拐角频率和地震矩之间的关系式为:

$$\lg f_c = -0.29\lg M_0 + 5.11 \tag{4.16}$$

图4.9和图4.10分别表示地震矩与拐角频率及震源半径之间的拟合关系。综上所述,珊溪水库地震矩、近震震级、破裂半径、拐角频率等之间可以拟合为对数或半对数线性关系,该结果与同类研究结果基本一致。地震矩、震源破裂半径和地震应力降与世界上其他地区获得的地震定标律结果相当。地震应力降与震源半径、地震矩等标志地震大小的量没有表现出较为明显的相关关系,似乎支持常应力降假定。

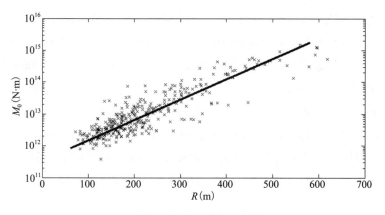

图4.9　地震矩与震源半径之间的关系

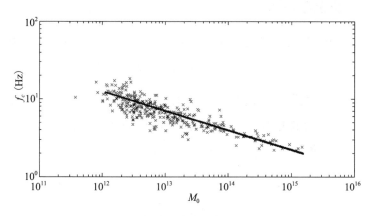

图4.10　拐角频率f_c与地震矩M_0的关

4.2　地震波衰减特征

尾波理论是地震波衰减研究的基本理论,地震学家(Aki,1969;Herraiz & Espinosa,1987)将地震图中所有直达波之后的部分称作尾波。研究表明,不论地震震级大小,在基本相同区域或路径,地震波尾波振幅随流逝时间的衰减基本相当。Aki(1969)研究认为,尾波是随机分布于一个椭球内的地壳和上地幔的无数间断面对地震波的散射波,震中和台站位于椭球体与地面垂直切面椭圆的两个焦点上。地震波的散射包括弱散射(或单次散射)(Aki & Chouet,1975;Sato,1977)、多重散射(Gao et al.,1983a;1983b)及强散射(或漫射)(Aki,1969)等。其中,单次散射模型(Pulli,1984)假定散射场弱,无二次散射,Aki等在单散射模型基础上(Aki,1969;Aki & Chouet,1975)提出了台、源重合情况下的尾波衰减系数计算方法。考虑到台、源分离情况下震源至接收点距离的影响,Sato等(Sato,1977;Pulli,1984)对Aki等(Aki & Chouet,1975)的尾波计算方法进行了必要的修正(Sato模型)。由于单次散射模型的计算方法简单,因此得到了广泛应用(Liu et al.,1994;Nava et al.,1999;Castro et al.,2003;Horasan & Guney,2004)。

本节搜集信噪比较高的数字地震波近场记录资料,采用单次散射的Sato计算模型来计算地震波衰减参数,以期对珊溪水库区域地震波衰减特征有一定的认识。

4.2.1 理论与方法

根据Sato(1977)提出尾波衰减系数计算方法,尾波振幅可以表达为:

$$F(f) = \lg\left[\left(A_c(f)/A_s\right)^2 K^{-1}(a)\right] = C(f) - b(t - t_s) \tag{4.17}$$

式中,A_s 为S波最大振幅;$A_c(f)$ 为流逝时间 t 对应的合成振幅,由式(4.19)和(4.20)给出;$K(a)$ 为散射体附近的几何扩散因子,可表示为:

$$K(a) = \frac{1}{a}\ln\left[(a+1)/(a-1)\right] \tag{4.18}$$

式中,$a = t/t_s$,t_s 为S波的流逝时间,t 为从震源开始至尾波截断点的流逝时间。

$$A_T = \sqrt{\frac{S_T(EW)^2 + S_T(NS)^2}{2}} \tag{4.19}$$

$$A_c(t) = \left(A_T^2 - A_n^2\right)^{1/2} \tag{4.20}$$

式中,A_T 为一个采样周期 T 的地震波均方根振幅(Drouet,2005),$S_T(EW)$ 和 $S_T(NS)$ 分别为南北及东西分量。A_n 为 P_g 波到达前适当时间段(2 s)噪声均方根振幅,用以进行地震波的噪声校正(Pulli,1984)。对同一地震的同一频率,$C(f)$ 为常数,拟合出 $F(t)$ 与 $(t - t_s)$ 的线性关系,得到 b 与 Q_c 的关系式为:

$$b = (\pi f \lg e)/Q_c \tag{4.21}$$

衰减参数与频率的关系表示为:

$$Q_c(f) = Q_0 f^{\eta} \tag{4.22}$$

式中,$Q_c(f)$ 为频率 f 时的尾波衰减品质因子,Q_0 为频率 $f=1$ 时的尾波衰减参数,η 代表尾波衰减参数 $Q_c(f)$ 对频率 f 的依赖性指数。

4.2.2　资料及数据处理

（1）资料条件

珊溪水库地震均为浅源地震，深度不超过10 km，震中呈北西向狭窄条带分布。尽管地震序列的震级不大，但近距离地震观测台站仍然获得了大量高信噪比数字地震波资料。这些近距离台站波形记录，除了部分极短时间间隔连发地震无法进行尾波参数计算之外，绝大部分资料可以获得稳定的尾波衰减参数。我们搜集了M_L 2级以上近场记录的波形资料，根据信噪比及计算要求，从中挑选共355个地震在20个台站的千余条记录（图4.11），计算尾波衰减参数，以期对本区域地震波衰减特征获得全面的认识。

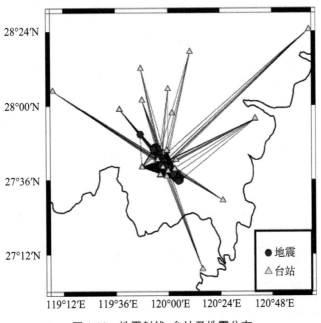

图4.11　地震射线、台站及地震分布

（2）数据处理

有研究表明，流逝时间越长，品质因子Q越大，而流逝时间与尾波散射椭球体有关（图4.12）。

- 71 -

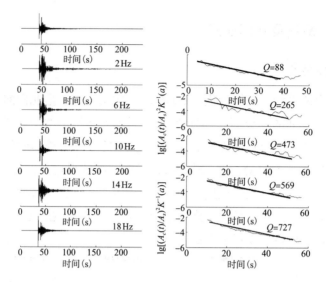

图4.12　尾波 Q 值与流逝时间的关系

首行为未滤波南北向记录,第二行起左列从上往下分别为中心频率
2、6、10、14、18 Hz 滤波结果,右列分别为与左列数据对应点频率 Q 值

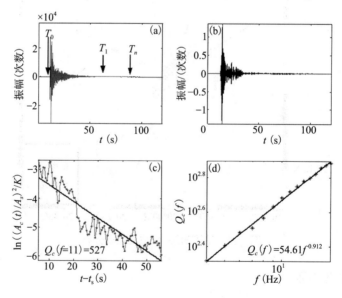

图4.13　尾波衰减参数计算过程实例

(a)使用波形原始记录(仅绘EW向),T_n代表满足信噪比条件的尾波截断点,T_1为尾波计算实际使用的尾波截断点,T_0为地震发震时刻($T_1-T_0=60$ s);(b) $f=11$($f\pm\frac{1}{3}f$)数据滤波实例;(c)主频率为 $f=11$ 时数据拟合;(d)各频率衰减参数拟合衰减参数与频率的依赖关系

通过原始记录读取 P_g、S_g 震相到时。在 P_g 波到时前取 2 s 为背景噪声,使用均方根振幅比作为信噪比,其值大于2满足尾波参数进一步计算的基本条件,截

取可用尾波波形。在满足信噪比的情况下,将流逝时间固定为60 s,在近场15个台站记录的355个地震中,挑选出地震波记录近千条。对每条记录,确定分析频率段为4~18 Hz,间隔1 Hz,使用6阶Butterworth带通滤波器,对分析频率f,以$[\frac{2}{3}f, \frac{4}{3}f]$带宽滤波。尾波从S波震相到时之后5 s开始起算,取采样窗长2 s、滑动步长0.5 s,根据式(4.19)和(4.20)计算各时间点的合成振幅,求解尾波$Q_c(f)$,根据式(4.22)拟合$Q_c(f)$与f的关系,获得Q_0及η。计算过程见图4.13。

4.2.3　数据结果

(1) 按区域及台站统计的衰减系数特征

对所有台站资料各频率下求得的地震尾波衰减参数Q_c进行统计,并拟合Q_c与频率f的关系式,得到地震波衰减参数可表示为频率的幂函数(式(4.23))。所有地震各频率的衰减参数、拟合曲线和拟合残差见图4.14,并进一步得到所有地震的Q_0(图4.15)。

$$Q_c(f) = 53 \pm 9.2 f^{0.92 \pm 0.05} \tag{4.23}$$

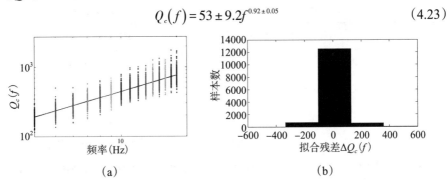

(a) | (b)

图4.14　全区域所有台站记录的尾波衰减参数与频率关系

(a)$Q_c(f)$与频率关系,星号表示实测的$Q_c(f)$值,实线表示根据
实测值拟合的$Q_c(f)$与频率的关系;(b)$Q_c(f)$与频率拟合数据残差分布

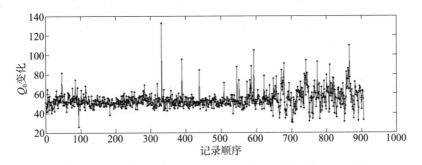

图4.15　全区域Q_0变化情况

（2）单个台站尾波衰减系数

为进一步分析地震波衰减特征,我们对单个台站地震波衰减参数与频率的关系进行统计。各台站的地震波衰减参数见表4.1。根据表4.1的计算结果绘制各台站平均衰减参数 $\overline{Q}_0$ 及其对应残差 ΔQ_0 (图4.16)。通过表4.1和图4.16可以看到,距库区较远的温州(WEZ)、景宁(JIN)两个台站 $\overline{Q}_0$ 较高,达到60以上,且标准偏差高达37%。12号至20号台站记录的 $\overline{Q}_0$ 的标准偏差在25%左右,其余台站的 $\overline{Q}_0$ 在51左右且标准偏差在10%以下。序号较大的台站均建成年份较近,记录的地震主要是2014年9月之后的最近一簇地震。从整个地震序列看,这簇地震较2013年以前的地震震中位置更偏向东北方向,因此,表4.1中序号较大的各台站 $\overline{Q}_0$ 的标准偏差较大反映了2014年一簇地震中各地震的地震波衰减参数存在较大差异。

表4.1　各台站地震波衰减参数

台站属性				衰减参数			
序 号	代 码	经度(°E)	纬度(°N)	$\overline{Q}_0$	ΔQ_0	$\overline{\eta}$	$\Delta\eta$
1	WEZ	120.67	27.93	69.65	25.84	0.919	0.166
2	SHX	120.05	27.66	51.27	3.72	0.899	0.033
3	HUT	119.99	27.76	54.37	4.93	0.932	0.033
4	LIY	119.99	27.62	51.77	4.11	0.895	0.038
5	XP	119.94	27.63	51.89	5.36	0.905	0.036
6	BY	119.96	27.67	52.49	8.9	0.894	0.041
7	TSH	119.80	27.67	51.40	4.86	0.969	0.036
8	YUH	119.92	27.71	50.92	3.80	0.920	0.034
9	FY	119.79	28.20	56.79	13.12	0.865	0.068
10	WF	120.03	27.96	58.06	7.93	0.926	0.070
11	QIT	120.17	28.29	46.33	4.55	0.8928	0.049
12	JIN	119.63	27.98	62.48	14.42	0.924	0.073
13	FDQY	120.26	27.12	40.31	5.97	0.956	0.057
14	HL	120.06	27.71	61.49	13.21	0.932	0.127

续　表

15	YS	120.00	27.65	54.18	8.83	0.965	0.077
16	QIU	121.08	28.41	42.86	11.83	0.878	0.079
17	CAN	120.42	27.49	52.94	5.80	0.90	0.043
18	BH	119.80	28.03	65.24	9.12	0.871	0.090
19	BSH	120.00	28.09	66.42	13.86	0.827	0.093
20	LOQ	119.12	28.08	38.59	7.10	0.882	0.050
21(全部台站平均值)				53.21	9.22	0.921	0.065

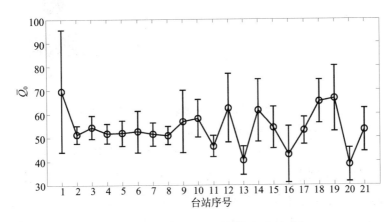

图4.16　按台站统计的均值 $\bar{Q}_0$ 及残差分布

已有的研究(Pulli,1984;Wong et al.,2001)表明,在震源距及地震剪切波速度确定的情况下,流逝时间越长,采样椭球体越大,采样深度越深;随着深度增加应力增大,介质非均匀性降低(Jacobson et al.,1984;Carpenter & Sanford,1985;刘希强等,2009), $Q_c(f)$ 值随尾波流逝时间增大而增大,介质对地震波造成的衰减降低。但也有不同的情况。Petukhin et al.(2003)在研究 Kinki 地区地震波衰减时,按地震深度把地震分为孕震层地震(0～20 km)及非孕震层地震(20～70 km),来研究浅层及深层的地震波衰减,发现浅层地震波衰减的 Q_0 高于深层地震波衰减 Q_0 ,同样现象也发生在接近莫霍面(Moho)的部分熔融的地壳中。本研究中,在同一研究区,剪切波速度基本一致,地震均为浅源地震(朱新运等,2010),尾波流逝时间相同。温州(WEZ)及景宁(JIN)两台站震中距大于库区台站,按尾波采样公式(Pulli,1984),其尾波采样深度小于库区台站尾波采样深度,

获得的 Q_0 高于库区震中距较小的台站结果，说明该区域更深层采样的尾波衰减系数低，因而区域存在深部高衰减层。

泰顺台运行时间长，波形记录完整。为了对库区衰减的时变性特征有更深入的了解，我们从所有尾波衰减文件中选出泰顺台衰减数据，并对泰顺台单台资料各频率下求得的所有地震尾波衰减系数 Q_c 进行统计，得到泰顺台 Q_c-f 关系见式(4.24)。所有地震各频率衰减参数、拟合曲线和拟合残差见图4.17。

$$Q_c(f) = 51.4 \pm 4.86f^{0.969 \pm 0.036} \tag{4.24}$$

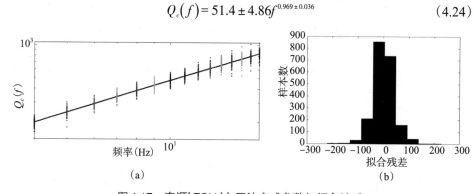

(a)   (b)

图4.17　泰顺(TSH)台尾波衰减参数与频率关系

(a) $Q_c(f)$ 与频率关系，星号表示实测的 $Q_c(f)$ 值，实线表示
根据实测值拟合的 $Q_c(f)$ 与频率的关系；(b) $Q_c(f)$ 与频率拟合数据残差分布

按地震顺序绘制泰顺台单台 Q_0 和 η 的时序变化图(图4.18)。由图4.18(a)看到，在地震序列发展过程中，尾波衰减系数 Q_0 存在起伏变化，且前期起伏大，后期起伏小，但没有趋势性上升或下降，或趋势性特征不明显。而由图4.18(b)所反映的 η 除了起伏变化外，整体上还表现出下降趋势。根据式(4.22)中 $Q_c(f)$ 与 Q_0、η 及 f 的关系，在 Q_0 不变的情况下，η 越小，在频率高端的 $Q_c(f)$ 越低，说明随着序列发展，高频率地震波衰减系数降低，衰减增大。

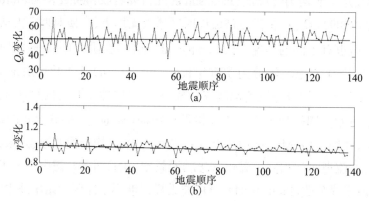

图4.18　泰顺(TSH)台尾波衰减参数 Q_0 和 η 随地震序列的变化

4.2.4　尾波衰减系数与地震活动

地震活动与地震波衰减是两个互为相关的问题:一方面,地震波衰减系数反映区域介质非均匀性程度,而介质非均匀性正是地震活动的条件;另一方面,地震活动会降低地震波传播区域介质均匀程度。地震处于平静时,在应力作用下,震源区介质可能愈合,使震源区介质趋向均匀。珊溪水库地震波衰减系数表明,地震对介质衰减参数的影响与地震波频率有关。无论频率高低,地震波衰减都是由介质对地震波的吸收、散射及能量转换引起的,而介质对高、低频率波的传播机制则有区别。对于高频率波,波长短,无法衍射,即使在地震发生后,震源区介质破碎的情况下,也难以达到衍射条件,能量的传播主要通过反射进行;低频率波的波长长,在几何非均匀性介质中传播时主要通过反射和衍射到达台站。地震导致震源区介质弹性程度降低、非弹性程度升高,以被吸收或能量转化为主要特征的高频率波衰减增大,衰减系数降低;对于低频率波则存在吸收或能量转化引起更大衰减,以及由于衍射而导致能量衰减程度减低这两个相互消长的过程,地震序列使 η 趋势性降低正好说明了这一点。

为了进一步理解珊溪水库地区的尾波衰减系数与地震活动的关系,我们搜集了使用同样方法得到的国内外其他地区的尾波衰减参数(表4.2)。重庆荣昌地区尾波衰减参数 Q_0 为42.24(魏红梅等,2009),明显低于珊溪水库 Q_0,而频率依赖性指数 η 则高于珊溪水库,说明重庆荣昌区域地震活动性高于珊溪水库库区,这与两个区域实际的地震活动程度一致。宁夏地区尾波衰减参数 Q_0 值为41.65~53.59(师海阔等,2011),略低于本研究区结果,但计算时使用的流逝时间两者相差20 s;如果选取的流逝时间同为60 s进行计算,则本研究区域 Q_0 高于宁夏地区 Q_0,说明宁夏地区地震活动水平高于本研究区,与实际一致。虽然Amerbeh & Fairhead(1989)对喀麦隆火山区及Domingguez et al.(1997)对巴哈北部地区的尾波衰减参数的研究没有固定尾波流逝时间,其数据的随机起伏非常大,无法加以比较,但是,Wong et al.(2001)在限制了尾波窗12 s,震源距变化不大的情况下,得到了特雷斯火山区尾波衰减系数为50,与珊溪水库地区基本一致。

表4.2　国内外不同区域尾波衰减参数比较

序　号	研究区域		衰减参数		尾波流逝时间(s)	备　注
			$\overline{Q}_0$	$\overline{\eta}$		
1	重庆荣昌		42.24	1.0118	60	魏红梅等,2009
2	喀麦隆火山区		65.00	1.0000	25～50	Amerbeh & Fairhead,1989
3	巴哈北部		41.00～207.00		35～70	Domingguez et al.,1997
4	特雷斯火山区		50.00	0.6500	12(尾波窗)	Wong et al.,2001
5	珊溪水库区域		53.21	0.9210	60	
6	宁夏区域	宁夏全区	44.81	0.9491	80	师海阔等,2011
		吉兰泰区	53.59	0.9148	80	
		银川区	53.04	0.9210	80	
		卫宁同区	42.25	0.9532	80	
		固海地震区	41.65	0.9636	80	

4.3　震源机制解

4.3.1　单次地震震源机制解

　　震源机制解是描述地震的重要参数,在地震学中占有重要位置,用此参数可以确定地壳构造应力场。目前浙江省测震台网共有52个台站。另外,台网与邻省进行数据交换,从福建台网、江苏台网、上海台网、江西台网、安徽台网分别接入19个台,形成的台网台站数共计71个。在所有台站运行正常情况下,珊溪水库$M_L \geqslant 3.0$级地震能被浙江中南部和福建中北部台站记录到;地震记录初动清楚的台站数可以达到25个以上,并且台站的分布比较均匀,各个方位都有台站分布,这样可以利用P波初动求解出可靠的震源机制。使用P波初动符号方法,选用在12个以上台站中有清楚初动符号的地震,计算地震震源机制解,一共得到

576次地震震源机制解,其中M_L<2.0级地震412次,M_L≥2.0级地震164次(表4.3)。图4.19为其中部分地震震源机制解。

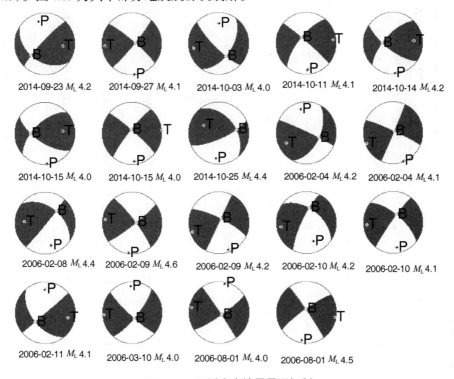

2014-09-23 M_L 4.2　2014-09-27 M_L 4.1　2014-10-03 M_L 4.0　2014-10-11 M_L 4.1　2014-10-14 M_L 4.2

2014-10-15 M_L 4.0　2014-10-15 M_L 4.0　2014-10-25 M_L 4.4　2006-02-04 M_L 4.2　2006-02-04 M_L 4.1

2006-02-08 M_L 4.4　2006-02-09 M_L 4.6　2006-02-09 M_L 4.2　2006-02-10 M_L 4.2　2006-02-10 M_L 4.1

2006-02-11 M_L 4.1　2006-03-10 M_L 4.0　2006-08-01 M_L 4.0　2006-08-01 M_L 4.5

图4.19 珊溪水库地震震源机制

表 4.3　珊溪水库地震震源机制

发震时间 年-月-日 时:分	震中位置 经度(°E)	纬度(°N)	震级 M_L	节面I 走向(°)	倾角(°)	滑动角(°)	节面II 走向(°)	倾角(°)	滑动角(°)	P轴 方位(°)	仰角(°)	T轴 方位(°)	仰角(°)	B轴 方位(°)	仰角(°)	矛盾符号比	初动台站数
2002-07-28 19:39	120.000	27.800	3.5	310.0	71.0	26.0	211.0	66.0	159.0	80.0	4.0	122.0	32.0	—	—		
2002-09-05 12:18	119.950	27.410	3.9	352.0	89.0	-132.0	261.0	42.0	-1.0	352.0	42.0	115.0	31.0	—	—		
2006-02-04 04:46	120.020	27.670	3.5	51.0	83.0	166.0	319.0	76.0	7.0	184.0	5.0	275.0	15.0	76.0	74.0	0.14	
2006-02-04 11:13	120.000	27.670	4.0	27.0	53.0	176.0	294.0	87.0	38.0	347.0	23.0	244.0	28.0	110.0	52.0	0.21	
2006-02-04 16:52	120.000	27.680	4.1	24.0	88.0	175.0	294.0	85.0	2.0	159.0	2.0	249.0	5.0	50.0	84.0	0.13	
2006-02-07 19:26	120.000	27.670	3.6	54.0	75.0	178.0	324.0	88.0	15.0	10.0	9.0	278.0	12.0	137.0	75.0	0.10	
2006-02-08 01:29	120.000	27.680	4.4	40.0	87.0	136.0	307.0	46.0	4.0	165.0	27.0	273.0	31.0	43.0	46.0	0.11	
2006-02-09 10:53	120.000	27.680	3.7	210.0	70.0	12.0	116.0	78.0	160.0	164.0	6.0	72.0	22.0	267.0	67.0	0.10	
2006-02-09 18:51	120.000	27.680	4.2	206.0	90.0	-168.0	296.0	78.0	0.0	160.0	9.0	251.0	8.0	24.0	78.0	0.13	

续　表

发震时间		震中位置		震级 M_L	节面I			节面II			P轴		T轴		B轴		矛盾符号比	初动台站数
年-月-日	时:分	经度 (°E)	纬度 (°N)		走向 (°)	倾角 (°)	滑动角 (°)	走向 (°)	倾角 (°)	滑动角 (°)	方位 (°)	仰角 (°)	方位 (°)	仰角 (°)	方位 (°)	仰角 (°)		
2006-02-09	03:24	120.000	27.680	4.6	53.0	84.0	171.0	322.0	81.0	6.0	187.0	2.0	278.0	11.0	87.0	79.0	0.13	
2006-02-10	07:59	120.000	27.670	4.2	206.0	77.0	-142.0	305.0	53.0	-16.0	159.0	36.0	260.0	16.0	10.0	50.0	0.12	
2006-02-10	14:37	120.000	27.670	4.1	217.0	85.0	-158.0	309.0	68.0	-6.0	171.0	19.0	265.0	11.0	24.0	68.0	0.12	
2006-02-11	04:36	120.000	27.670	4.2	50.0	89.0	143.0	319.0	53.0	2.0	178.0	24.0	281.0	26.0	51.0	53.0	0.13	
2006-02-11	05:05	120.000	27.670	3.8	232.0	79.0	-176.0	323.0	86.0	-11.0	188.0	10.0	97.0	5.0	342.0	78.0	0.05	
2006-02-12	10:33	120.020	27.670	3.7	48.0	80.0	168.0	316.0	78.0	11.0	182.0	1.0	272.0	16.0	87.0	74.0	0.00	
2006-02-14	19:40	120.000	27.680	3.5	51.0	90.0	167.0	321.0	77.0	0.0	185.0	9.0	277.0	10.0	53.0	77.0	0.00	
2006-02-20	15:22	120.000	27.670	3.9	227.0	76.0	-173.0	319.0	83.0	-14.0	184.0	15.0	93.0	5.0	346.0	74.0	0.06	
2006-02-23	23:30	119.980	27.680	3.1	232.0	88.0	-173.0	322.0	83.0	-2.0	186.0	6.0	277.0	4.0	38.0	83.0	0.06	

发震时间 年-月-日	时:分	震中位置 经度(°E)	纬度(°N)	震级 M_L	节面I 走向(°)	倾角(°)	滑动角(°)	节面II 走向(°)	倾角(°)	滑动角(°)	P轴 方位(°)	仰角(°)	T轴 方位(°)	仰角(°)	B轴 方位(°)	仰角(°)	矛盾符号比	初动台站数
2006-02-25	03:45	119.980	27.680	3.5	227.0	88.0	11.0	137.0	79.0	178.0	1.0	6.0	92.0	10.0	238.0	78.0	0.00	
2006-02-26	02:35	120.020	27.650	3.0	50.0	85.0	-6.0	141.0	84.0	-174.0	5.0	8.0	95.0	1.0	189.0	82.0	0.00	
2006-02-27	20:28	120.000	27.670	3.1	47.0	65.0	-3.0	138.0	87.0	-155.0	5.0	19.0	269.0	15.0	144.0	65.0	0.07	
2006-03-02	08:09	120.020	27.650	3.3	219.0	61.0	32.0	112.0	62.0	147.0	166.0	1.0	75.0	42.0	257.0	48.0	0.00	
2006-03-04	02:02	120.020	27.650	3.3	223.0	72.0	13.0	129.0	77.0	161.0	177.0	4.0	85.0	22.0	277.0	68.0	0.00	
2006-03-06	09:23	120.020	27.670	3.6	37.0	79.0	-3.0	128.0	87.0	-169.0	353.0	10.0	262.0	6.0	141.0	78.0	0.00	
2006-03-10	15:24	119.980	27.700	3.8	40.0	76.0	-8.0	132.0	82.0	-166.0	357.0	16.0	266.0	4.0	160.0	74.0	0.17	
2006-03-10	15:35	119.980	27.680	3.8	41.0	74.0	-5.0	133.0	85.0	-164.0	358.0	15.0	266.0	8.0	148.0	73.0	0.11	
2006-03-11	17:08	119.980	27.680	3.1	44.0	83.0	175.0	313.0	86.0	7.0	359.0	2.0	268.0	8.0	102.0	81.0	0.00	

续　表

发震时间		震中位置		震级	节面I			节面II			P轴		T轴		B轴		矛盾符号比	初动台站数
年-月-日	时:分	经度(°E)	纬度(°N)	M_L	走向(°)	倾角(°)	滑动角(°)	走向(°)	倾角(°)	滑动角(°)	方位(°)	仰角(°)	方位(°)	仰角(°)	方位(°)	仰角(°)		
2006-03-12	23:24	119.980	27.680	3.0	44.0	81.0	168.0	312.0	78.0	9.0	178.0	2.0	268.0	15.0	82.0	75.0	0.00	
2006-03-18	50:13	119.980	27.680	3.0	232.0	88.0	0.0	142.0	90.0	178.0	187.0	1.0	97.0	1.0	319.0	88.0	0.00	
2006-03-31	84:92	119.980	27.680	3.1	236.0	83.0	-179.0	326.0	89.0	-7.0	191.0	5.0	101.0	4.0	333.0	83.0	0.00	
2006-05-04	54:10	120.000	27.680	3.1	187.0	81.0	38.0	90.0	53.0	168.0	313.0	18.0	56.0	33.0	199.0	51.0	0.21	
2006-06-11	65:32	119.970	27.680	3.2	58.0	84.0	-3.0	148.0	87.0	-174.0	13.0	6.0	283.0	2.0	173.0	83.0	0.00	
2006-08-01	13:28	120.000	27.670	4.0	56.0	81.0	178.0	326.0	88.0	9.0	11.0	5.0	281.0	8.0	132.0	81.0	0.00	
2006-08-01	14:07	120.000	27.670	4.6	235.0	81.0	-177.0	325.0	87.0	-9.0	190.0	8.0	100.0	5.0	341.0	81.0	0.00	
2006-08-02	10:72	120.000	27.670	3.0	234.0	81.0	-177.0	325.0	87.0	-9.0	190.0	9.0	99.0	4.0	342.0	80.0	0.00	
2006-12-01	16:17	119.980	27.680	3.1	182.0	62.0	-175.0	275.0	86.0	-28.0	142.0	23.0	45.0	16.0	283.0	62.0	0.00	

续 表

| 发震时间 | | 震中位置 | | 震级 | 节面I | | | 节面II | | | P轴 | | T轴 | | B轴 | | 矛盾符号比 | 初动台站数 |
年-月-日	时:分	经度(°E)	纬度(°N)	M_L	走向(°)	倾角(°)	滑动角(°)	走向(°)	倾角(°)	滑动角(°)	方位(°)	仰角(°)	方位(°)	仰角(°)	方位(°)	仰角(°)		
2009-02-20	18:10	119.990	27.691	2.8	321.6	72.8	-169.7	228.5	80.2	-17.5	184.1	19.3	275.9	5.1	20.0	70.0	0.11	27
2010-11-11	03:20	119.966	27.698	2.1	319.7	80.6	176.6	50.3	86.6	9.4	184.7	4.2	275.3	9.1	70.0	80.0	0.13	15
2014-09-12	13:14	119.997	27.669	2.4	309.7	80.6	176.6	40.3	86.6	9.4	174.7	4.2	265.3	9.1	60.0	80.0	0.10	21
2014-09-12	15:39	119.997	27.668	2.1	309.9	80.2	178.3	40.2	88.3	9.9	174.6	5.7	265.4	8.2	50.0	80.0	0.18	17
2014-09-15	03:03	119.948	27.707	2.1	316.6	75.5	153.4	53.7	64.3	16.1	6.9	7.4	272.8	28.9	110.0	60.0	0.05	19
2014-09-15	13:23	119.948	27.706	3.5	130.4	85.0	-171.3	39.6	81.4	-5.0	355.2	9.7	264.8	2.6	160.0	80.0	0.07	29
2014-09-15	14:56	119.947	27.708	2.5	311.5	80.2	-162.5	218.4	72.8	-10.3	175.9	19.3	84.1	5.1	340.0	70.0	0.06	16
2014-09-15	14:57	119.946	27.709	2.5	120.2	88.3	-170.2	29.9	80.2	-1.8	345.4	8.2	254.6	5.7	130.0	80.0	0.05	20
2014-09-15	15:01	119.948	27.708	3.1	310.6	86.6	-160.3	219.4	70.3	-3.6	176.7	16.3	83.3	11.3	320.0	70.0	0.09	23

续 表

发震时间		震中位置		震级 M_L	节面I			节面II			P轴		T轴		B轴		矛盾符号比	初动台站数
年-月-日	时:分	经度(°E)	纬度(°N)		走向(°)	倾角(°)	滑动角(°)	走向(°)	倾角(°)	滑动角(°)	方位(°)	仰角(°)	方位(°)	仰角(°)	方位(°)	仰角(°)		
2014-09-15	18:23	119.946	27.709	2.4	119.9	88.3	170.2	210.2	80.2	1.8	165.4	5.7	74.6	8.2	290.0	80.0	0.05	21
2014-09-15	19:25	119.951	27.706	2.1	120.6	86.6	-160.3	29.4	70.3	-3.6	346.7	16.3	253.3	11.3	130.0	70.0	0.05	20
2014-09-15	22:14	119.945	27.710	2.2	301.5	80.2	-162.5	208.4	72.8	-10.3	165.9	19.3	74.1	5.1	330.0	70.0	0.05	19
2014-09-16	01:50	119.949	27.704	2.0	318.1	48.4	149.2	69.6	67.5	45.9	189.8	11.4	292.6	47.7	90.0	40.0	0.10	20
2014-09-16	11:42	119.945	27.709	3.3	129.7	80.6	176.6	220.3	86.6	9.4	354.7	4.2	85.3	9.1	240.0	80.0	0.08	24
2014-09-16	23:44	119.946	27.708	2.1	122.7	65.6	147.3	227.6	60.5	28.3	176.2	3.2	83.5	39.8	270.0	50.0	0.05	19
2014-09-17	20:47	119.945	27.709	3.5	309.9	80.2	178.3	40.2	88.3	9.9	174.6	5.7	265.4	8.2	50.0	80.0	0.08	25
2014-09-18	00:30	119.945	27.709	2.2	299.6	82.4	173.5	30.4	83.6	7.7	164.9	0.9	255.1	10.0	70.0	80.0	0.04	23
2014-09-19	05:37	119.942	27.712	2.1	129.7	86.6	170.6	220.3	80.6	3.5	175.3	4.2	84.7	9.1	290.0	80.0	0.06	17

续　表

发震时间 年-月-日	时:分	震中位置 经度(°E)	纬度(°N)	震级 M_L	节面I 走向(°)	倾角(°)	滑动角(°)	节面II 走向(°)	倾角(°)	滑动角(°)	P轴 方位(°)	仰角(°)	T轴 方位(°)	仰角(°)	B轴 方位(°)	仰角(°)	矛盾符号比	初动台站数
2014-09-19	08:37	119.941	27.713	2.3	309.6	85.0	171.3	40.4	81.4	5.0	355.2	2.6	264.8	9.7	100.0	80.0	0.05	21
2014-09-19	08:50	119.945	27.715	2.4	309.7	86.6	170.6	40.3	80.6	3.5	355.3	4.2	264.7	9.1	110.0	80.0	0.05	19
2014-09-21	00:29	119.951	27.705	2.0	299.7	86.6	170.6	30.3	80.6	3.5	345.3	4.2	254.7	9.1	100.0	80.0	0.19	27
2014-09-21	12:07	119.940	27.712	3.1	129.9	80.2	178.3	220.2	88.3	9.9	354.6	5.7	85.4	8.2	230.0	80.0	0.04	23
2014-09-21	14:09	119.946	27.706	2.2	313.0	56.2	157.2	56.1	71.3	36.0	181.6	9.6	279.3	38.4	80.0	50.0	0.06	18
2014-09-22	06:37	119.951	27.707	2.5	308.4	72.8	169.7	41.5	80.2	17.5	174.1	5.1	265.9	19.3	70.0	70.0	0.05	19
2014-09-22	06:37	119.953	27.706	3.8	317.0	50.7	171.7	52.3	83.6	39.6	178.2	21.6	282.4	31.8	60.0	50.0	0.07	14
2014-09-22	08:12	119.952	27.706	2.5	319.6	83.6	172.3	50.4	82.4	6.5	5.1	0.9	274.9	10.0	100.0	80.0	0.06	17
2014-09-22	12:15	119.950	27.708	2.3	319.6	83.6	172.3	50.4	82.4	6.5	5.1	0.9	274.9	10.0	100.0	80.0	0.06	16

续　表

发震时间		震中位置		震级	节面 I			节面 II			P 轴		T 轴		B 轴		矛盾符号比	初动台站数
年-月-日	时:分	经度(°E)	纬度(°N)	M_L	走向(°)	倾角(°)	滑动角(°)	走向(°)	倾角(°)	滑动角(°)	方位(°)	仰角(°)	方位(°)	仰角(°)	方位(°)	仰角(°)		
2014-09-22	14:12	119.943	27.710	2.1	118.9	83.3	161.1	211.2	71.3	7.1	166.3	8.3	73.6	18.1	280.0	70.0	0.00	13
2014-09-23	07:46	119.950	27.704	2.1	315.9	67.5	159.6	54.0	71.3	23.9	184.3	2.5	275.8	29.9	90.0	60.0	0.06	17
2014-09-23	13:47	119.952	27.705	2.7	308.3	60.5	137.6	62.6	54.1	37.5	6.8	3.8	272.3	49.7	100.0	40.0	0.08	24
2014-09-23	13:48	119.953	27.706	2.9	131.7	77.3	−164.4	38.2	74.8	−13.2	355.3	19.9	264.7	1.7	170.0	70.0	0.09	23
2014-09-23	14:15	119.954	27.703	2.2	119.4	86.6	160.3	210.6	70.3	3.6	166.7	11.3	73.3	16.3	290.0	70.0	0.06	17
2014-09-23	14:17	119.953	27.703	2.0	318.4	72.8	169.7	51.5	80.2	17.5	184.1	5.1	275.9	19.3	80.0	70.0	0.00	14
2014-09-23	15:05	119.951	27.706	2.2	316.6	75.5	153.4	53.7	64.3	16.1	6.9	7.4	272.8	28.9	110.0	60.0	0.05	19
2014-09-23	15:21	119.949	27.707	2.1	315.9	67.5	159.6	54.0	71.3	23.9	184.3	2.5	275.8	29.9	90.0	60.0	0.07	15
2014-09-23	15:24	119.941	27.712	2.3	308.4	72.8	169.7	41.5	80.2	17.5	174.1	5.1	265.9	19.3	70.0	70.0	0.05	20

续 表

发震时间		震中位置		震级	节面Ⅰ			节面Ⅱ			P轴		T轴		B轴		矛盾符号比	初动台站数
年-月-日	时:分	经度(°E)	纬度(°N)	M_L	走向(°)	倾角(°)	滑动角(°)	走向(°)	倾角(°)	滑动角(°)	方位(°)	仰角(°)	方位(°)	仰角(°)	方位(°)	仰角(°)		
2014-09-23	13:20	119.940	27.710	4.0	119.6	81.4	175.0	210.4	85.0	8.7	344.8	2.6	75.2	9.7	240.0	80.0	0.08	24
2014-09-23	14:12	119.955	27.703	3.6	308.5	80.2	162.5	41.6	72.8	10.3	355.9	5.1	264.1	19.3	100.0	70.0	0.03	31
2014-09-23	15:02	119.949	27.708	3.0	308.2	74.8	166.8	41.7	77.3	15.6	174.7	1.7	265.3	19.9	80.0	70.0	0.08	26
2014-09-23	16:56	119.954	27.704	3.1	309.7	86.6	170.6	40.3	80.6	3.5	355.3	4.2	264.7	9.1	110.0	80.0	0.03	32
2014-09-23	17:40	119.938	27.712	3.7	309.6	83.6	172.3	40.4	82.4	6.5	355.1	0.9	264.9	10.0	90.0	80.0	0.07	30
2014-09-23	17:57	119.947	27.706	3.3	130.0	90.0	150.0	220.0	60.0	0.0	179.1	20.7	80.9	20.7	310.0	60.0	0.09	33
2014-09-24	00:20	119.953	27.704	3.4	131.5	80.2	-162.5	38.4	72.8	-10.3	355.9	19.3	264.1	5.1	160.0	70.0	0.06	31
2014-09-24	01:55	119.952	27.704	2.2	302.9	71.3	-111.2	173.2	28.0	-43.2	183.7	58.4	49.1	23.4	310.0	20.0	0.16	25
2014-09-24	04:50	119.935	27.711	2.2	309.7	80.6	176.6	40.3	86.6	9.4	174.7	4.2	265.3	9.1	60.0	80.0	0.06	18

续 表

发震时间		震中位置		震级	节面I			节面II			P轴		T轴		B轴		矛盾符号比	初动台站数
年-月-日	时:分	经度(°E)	纬度(°N)	M_L	走向(°)	倾角(°)	滑动角(°)	走向(°)	倾角(°)	滑动角(°)	方位(°)	仰角(°)	方位(°)	仰角(°)	方位(°)	仰角(°)		
2014-09-25	01:05	119.964	27.698	2.6	309.6	82.4	173.5	40.4	83.6	7.7	174.9	0.9	265.1	10.0	80.0	80.0	0.04	27
2014-09-25	12:38	119.947	27.707	3.0	318.5	60.5	174.3	51.3	85.0	29.6	181.2	16.7	279.0	24.2	60.0	60.0	0.08	26
2014-09-27	08:25	119.939	27.713	2.7	299.9	80.2	178.3	30.2	88.3	9.9	164.6	5.7	255.4	8.2	40.0	80.0	0.08	24
2014-09-27	08:30	119.939	27.712	4.1	130.0	90.0	0.0	220.0	90.0	180.0	355.0	0.0	85.0	0.0	0.0	90.0	0.06	32
2014-09-27	08:41	119.935	27.715	3.5	309.6	81.4	175.0	40.4	85.0	8.7	174.8	2.6	265.2	9.7	70.0	80.0	0.03	29
2014-09-27	09:11	119.945	27.709	2.5	125.6	77.3	141.7	225.4	52.8	16.0	180.3	15.8	78.7	35.6	290.0	50.0	0.05	22
2014-09-27	09:51	119.952	27.702	2.8	129.6	83.6	172.3	220.4	82.4	6.5	175.1	0.9	84.9	10.0	270.0	80.0	0.04	23
2014-09-27	12:41	119.939	27.714	2.8	120.6	86.6	-160.3	29.4	70.3	-3.6	346.7	16.3	253.3	11.3	130.0	70.0	0.08	26
2014-09-27	15:04	119.953	27.702	2.2	326.3	64.3	163.9	63.4	75.5	26.6	193.1	7.4	287.2	28.9	90.0	60.0	0.10	21

续 表

发震时间		震中位置		震级 M_L	节面 I			节面 II			P轴		T轴		B轴		矛盾符号比	初动台站数
年-月-日	时:分	经度 (°E)	纬度 (°N)		走向 (°)	倾角 (°)	滑动角 (°)	走向 (°)	倾角 (°)	滑动角 (°)	方位 (°)	仰角 (°)	方位 (°)	仰角 (°)	方位 (°)	仰角 (°)		
2014-09-27	18:23	119.955	27.702	2.3	300.2	88.3	-170.2	209.9	80.2	-1.8	165.4	8.2	74.6	5.7	310.0	80.0	0.05	22
2014-09-27	20:38	119.948	27.705	2.0	311.3	85.0	-150.4	218.5	60.5	-5.7	179.0	24.2	81.2	16.7	320.0	60.0	0.09	22
2014-09-28	06:43	119.935	27.715	2.7	122.4	60.5	151.7	227.3	65.6	32.7	353.8	3.2	86.5	39.8	260.0	50.0	0.04	25
2014-09-29	02:58	119.938	27.715	3.0	130.3	86.6	-170.6	39.7	80.6	-3.5	355.3	9.1	264.7	4.2	150.0	80.0	0.07	29
2014-10-01	02:09	119.927	27.720	2.8	129.6	83.6	172.3	220.4	82.4	6.5	175.1	0.9	84.9	10.0	270.0	80.0	0.07	30
2014-10-02	05:50	119.962	27.698	2.6	126.3	64.3	163.9	223.4	75.5	26.6	353.1	7.4	87.2	28.9	250.0	60.0	0.08	24
2014-10-02	17:07	119.966	27.698	2.4	323.0	56.2	157.2	66.1	71.3	36.0	191.6	9.6	289.3	38.4	90.0	50.0	0.05	21
2014-10-02	22:40	119.949	27.706	2.8	305.9	67.5	159.6	44.0	71.3	23.9	174.3	2.5	265.8	29.9	80.0	60.0	0.08	26
2014-10-02	23:32	119.954	27.703	2.7	303.9	71.3	144.0	47.0	56.2	22.8	358.4	9.6	260.7	38.4	100.0	50.0	0.08	24

续 表

| 发震时间 | | 震中位置 | | 震级 | 节面 I | | | 节面 II | | | P 轴 | | T 轴 | | B 轴 | | 矛盾符号比 | 初动台站数 |
年-月-日	时:分	经度(°E)	纬度(°N)	M_L	走向(°)	倾角(°)	滑动角(°)	走向(°)	倾角(°)	滑动角(°)	方位(°)	仰角(°)	方位(°)	仰角(°)	方位(°)	仰角(°)		
2014-10-03	00:46	119.958	27.702	2.8	128.8	71.3	172.9	221.1	83.3	18.9	353.7	8.3	86.4	18.1	240.0	70.0	0.04	23
2014-10-03	01:12	119.957	27.699	2.5	130.4	85.0	-171.3	39.6	81.4	-5.0	355.2	9.7	264.8	2.6	160.0	80.0	0.04	24
2014-10-03	11:42	119.962	27.700	3.0	326.3	64.3	163.9	63.4	75.5	26.6	193.1	7.4	287.2	28.9	90.0	60.0	0.06	18
2014-10-03	11:42	119.961	27.701	4.0	134.4	77.3	-141.7	34.6	52.8	-16.0	1.3	35.6	259.7	15.8	150.0	50.0	0.09	22
2014-10-03	11:44	119.966	27.696	3.0	323.0	56.2	157.2	66.1	71.3	36.0	191.6	9.6	289.3	38.4	90.0	50.0	0.10	20
2014-10-03	11:59	119.948	27.712	3.1	319.4	86.6	160.3	50.6	70.3	3.6	6.7	11.3	273.3	16.3	130.0	70.0	0.09	33
2014-10-03	12:03	119.964	27.699	2.2	316.3	64.3	163.9	53.4	75.5	26.6	183.1	7.4	277.2	28.9	80.0	60.0	0.06	18
2014-10-03	12:09	119.967	27.697	2.1	319.9	80.2	178.3	50.2	88.3	9.9	184.6	5.7	275.4	8.2	60.0	80.0	0.07	15
2014-10-03	12:19	119.945	27.713	2.2	318.8	71.3	172.9	51.1	83.3	18.9	183.7	8.3	276.4	18.1	70.0	70.0	0.06	18

续 表

发震时间		震中位置		震级	节面 I			节面 II			P轴		T轴		B轴		矛盾符号比	初动台站数
年-月-日	时:分	经度(°E)	纬度(°N)	M_L	走向(°)	倾角(°)	滑动角(°)	走向(°)	倾角(°)	滑动角(°)	方位(°)	仰角(°)	方位(°)	仰角(°)	方位(°)	仰角(°)		
2014-10-03	14:34	119.963	27.700	2.0	319.7	80.6	176.6	50.3	86.6	9.4	184.7	4.2	275.3	9.1	70.0	80.0	0.00	13
2014-10-03	14:35	119.962	27.698	2.8	119.9	80.2	178.3	210.2	88.3	9.9	344.6	5.7	75.4	8.2	220.0	80.0	0.08	24
2014-10-03	14:41	119.959	27.703	2.1	117.0	50.7	171.7	212.3	83.6	39.6	338.2	21.6	82.4	31.8	220.0	50.0	0.06	18
2014-10-03	15:13	119.963	27.698	2.5	125.9	67.5	159.6	224.0	71.3	23.9	354.3	2.5	85.8	29.9	260.0	60.0	0.05	21
2014-10-03	18:35	119.959	27.703	2.0	320.5	44.0	157.8	66.8	74.8	48.2	186.7	18.9	296.0	44.0	80.0	40.0	0.07	14
2014-10-04	03:17	119.963	27.699	3.0	317.2	62.0	168.8	52.5	80.2	28.5	182.0	12.2	278.3	27.0	70.0	60.0	0.11	28
2014-10-04	13:25	119.956	27.701	2.1	318.2	74.8	166.8	51.7	77.3	15.6	184.7	1.7	275.3	19.9	90.0	70.0	0.07	15
2014-10-05	06:27	119.934	27.716	3.4	128.2	74.8	166.8	221.7	77.3	15.6	354.7	1.7	85.3	19.9	260.0	70.0	0.10	31
2014-10-05	10:13	119.943	27.714	2.3	133.5	82.4	-130.4	34.7	41.0	-11.7	7.5	38.9	254.2	26.1	140.0	40.0	0.05	20

续　表

发震时间		震中位置		震级	节面 I			节面 II			P轴		T轴		B轴		矛盾符号比	初动台站数
年-月-日	时:分	经度(°E)	纬度(°N)	M_L	走向(°)	倾角(°)	滑动角(°)	走向(°)	倾角(°)	滑动角(°)	方位(°)	仰角(°)	方位(°)	仰角(°)	方位(°)	仰角(°)		
2014-10-05	12:18	119.949	27.708	2.7	324.7	41.0	168.3	63.5	82.4	49.6	184.2	26.1	297.5	38.9	70.0	40.0	0.13	23
2014-10-06	06:17	119.934	27.717	2.7	120.2	88.3	-170.2	29.9	80.2	-1.8	345.4	8.2	254.6	5.7	130.0	80.0	0.11	28
2014-10-06	07:11	119.962	27.697	2.4	308.1	48.4	149.2	59.6	67.5	45.9	179.8	11.4	282.6	47.7	80.0	40.0	0.05	20
2014-10-07	09:51	119.966	27.696	2.4	319.9	80.2	178.3	50.2	88.3	9.9	184.6	5.7	275.4	8.2	60.0	80.0	0.05	21
2014-10-07	10:40	119.970	27.693	2.3	311.9	48.4	-149.2	200.4	67.5	-45.9	157.4	47.7	260.2	11.4	0.0	40.0	0.06	18
2014-10-08	19:50	119.947	27.709	2.7	318.5	60.5	174.3	51.3	85.0	29.6	181.2	16.7	279.0	24.2	60.0	60.0	0.10	20
2014-10-08	20:16	119.948	27.708	2.0	316.0	71.3	156.1	54.1	67.5	20.4	5.7	2.5	274.2	29.9	100.0	60.0	0.06	17
2014-10-08	20:29	119.960	27.702	2.3	318.4	72.8	169.7	51.5	80.2	17.5	184.1	5.1	275.9	19.3	80.0	70.0	0.05	21
2014-10-08	21:58	119.962	27.701	3.2	139.4	70.3	176.4	230.6	86.6	19.7	3.3	11.3	96.7	16.3	240.0	70.0	0.10	29

飞云江珊溪水库地震

续 表

发震时间		震中位置		震级 M_L	节面 I			节面 II			P轴		T轴		B轴		矛盾符号比	初动台站数
年-月-日	时:分	经度 (°E)	纬度 (°N)		走向 (°)	倾角 (°)	滑动角 (°)	走向 (°)	倾角 (°)	滑动角 (°)	方位 (°)	仰角 (°)	方位 (°)	仰角 (°)	方位 (°)	仰角 (°)		
2014-10-09	01:17	119.966	27.699	3.2	310.4	81.4	-175.0	219.6	85.0	-8.7	174.8	9.7	265.2	2.6	10.0	80.0	0.07	27
2014-10-09	02:27	119.969	27.694	2.0	317.7	83.6	140.4	53.0	50.7	8.3	11.8	21.6	267.6	31.8	130.0	50.0	0.11	19
2014-10-09	07:15	119.970	27.696	2.3	320.0	90.0	150.0	50.0	60.0	0.0	9.1	20.7	270.9	20.7	140.0	60.0	0.05	19
2014-10-09	12:19	119.958	27.700	2.0	128.1	48.4	149.2	239.6	67.5	45.9	359.8	11.4	102.6	47.7	260.0	40.0	0.06	18
2014-10-09	22:21	119.967	27.698	2.3	313.0	56.2	157.2	56.1	71.3	36.0	181.6	9.6	279.3	38.4	80.0	50.0	0.04	23
2014-10-09	22:33	119.968	27.696	2.8	131.5	80.2	-162.5	38.4	72.8	-10.3	355.9	19.3	264.1	5.1	160.0	70.0	0.08	24
2014-10-11	01:15	119.941	27.714	2.3	121.7	77.3	-164.4	28.2	74.8	-13.2	345.3	19.9	254.7	1.7	160.0	70.0	0.05	19
2014-10-11	11:33	119.955	27.703	2.2	120.6	86.6	-160.3	29.4	70.3	-3.6	346.7	16.3	253.3	11.3	130.0	70.0	0.11	19
2014-10-12	00:10	119.966	27.695	2.2	318.8	71.3	172.9	51.1	83.3	18.9	183.7	8.3	276.4	18.1	70.0	70.0	0.07	15

续表

发震时间 年-月-日	时:分	震中位置 经度(°E)	纬度(°N)	震级 M_L	节面I 走向(°)	倾角(°)	滑动角(°)	节面II 走向(°)	倾角(°)	滑动角(°)	P轴 方位(°)	仰角(°)	T轴 方位(°)	仰角(°)	B轴 方位(°)	仰角(°)	矛盾符号比	初动台站数
2014-10-12	08:34	119.963	27.696	2.0	125.9	67.5	159.6	224.0	71.3	23.9	354.3	2.5	85.8	29.9	260.0	60.0	0.07	15
2014-10-14	04:13	119.940	27.714	2.9	129.7	80.6	176.6	220.3	86.6	9.4	354.7	4.2	85.3	9.1	240.0	80.0	0.07	27
2014-10-14	04:23	119.949	27.706	2.1	308.5	80.2	162.5	41.6	72.8	10.3	355.9	5.1	264.1	19.3	100.0	70.0	0.06	17
2014-10-14	04:30	119.944	27.711	2.6	119.7	86.6	170.6	210.3	80.6	3.5	165.3	4.2	74.7	9.1	280.0	80.0	0.10	21
2014-10-14	06:30	119.953	27.706	2.4	119.7	72.8	-121.6	4.0	35.5	-30.6	353.0	51.7	233.1	21.5	130.0	30.0	0.00	18
2014-10-14	08:12	119.938	27.713	2.2	300.3	86.6	-170.6	209.7	80.6	-3.5	165.3	9.1	74.7	4.2	320.0	80.0	0.08	25
2014-10-14	17:46	119.960	27.698	2.8	298.3	77.3	164.4	31.8	74.8	13.2	345.3	1.7	254.7	19.9	80.0	70.0	0.03	29
2014-10-14	20:07	119.959	27.699	2.3	138.2	74.8	166.8	231.7	77.3	15.6	4.7	1.7	95.3	19.9	270.0	70.0	0.12	25
2014-10-15	15:54	119.955	27.705	2.1	300.6	86.6	-160.3	209.4	70.3	-3.6	166.7	16.3	73.3	11.3	310.0	70.0	0.06	16
2014-10-15	16:00	119.969	27.694	2.4	327.0	50.7	171.7	62.3	83.6	39.6	188.2	21.6	292.4	31.8	70.0	50.0	0.15	20

续　表

发震时间		震中位置		震级	节面I			节面II			P轴		T轴		B轴		矛盾符号比	初动台站数
年-月-日	时:分	经度(°E)	纬度(°N)	M_L	走向(°)	倾角(°)	滑动角(°)	走向(°)	倾角(°)	滑动角(°)	方位(°)	仰角(°)	方位(°)	仰角(°)	方位(°)	仰角(°)		
2014-10-15	16:05	119.969	27.694	2.1	320.0	70.0	180.0	230.0	90.0	160.0	183.2	14.0	276.8	14.0	50.0	70.0	0.00	14
2014-10-15	16:59	119.953	27.705	2.7	116.8	74.8	-131.8	10.5	44.0	-22.2	346.0	44.0	236.7	18.9	130.0	40.0	0.06	16
2014-10-15	18:19	119.944	27.709	2.1	300.4	83.6	-172.3	209.6	82.4	-6.5	165.1	10.0	74.9	0.9	340.0	80.0	0.10	20
2014-10-15	19:17	119.952	27.706	2.5	122.9	71.3	-111.2	353.2	28.0	-43.2	3.7	58.4	229.1	23.4	130.0	20.0	0.09	22
2014-10-15	20:46	119.945	27.708	2.4	128.9	83.3	161.1	221.2	71.3	7.1	176.3	8.3	83.6	18.1	290.0	70.0	0.05	22
2014-10-15	23:02	119.960	27.699	2.1	307.2	62.0	168.8	42.5	80.2	28.5	172.0	12.2	268.3	27.0	60.0	60.0	0.05	20
2014-10-16	00:05	119.945	27.709	2.4	119.7	86.6	170.6	210.3	80.6	3.5	165.3	4.2	74.7	9.1	280.0	80.0	0.05	21
2014-10-16	00:44	119.947	27.707	2.8	299.9	80.2	178.3	30.2	88.3	9.9	164.6	5.7	255.4	8.2	40.0	80.0	0.08	25
2014-10-16	00:46	119.950	27.705	2.0	128.9	83.3	161.1	221.2	71.3	7.1	176.3	8.3	83.6	18.1	290.0	70.0	0.07	15
2014-10-16	01:17	119.942	27.710	2.1	119.7	86.6	170.6	210.3	80.6	3.5	165.3	4.2	74.7	9.1	280.0	80.0	0.00	21

续 表

发震时间		震中位置		震级	节面I			节面II			P轴		T轴		B轴		矛盾符号比	初动台站数
年-月-日	时:分	经度(°E)	纬度(°N)	M_L	走向(°)	倾角(°)	滑动角(°)	走向(°)	倾角(°)	滑动角(°)	方位(°)	仰角(°)	方位(°)	仰角(°)	方位(°)	仰角(°)		
2014-10-16	04:47	119.963	27.697	2.3	322.4	60.5	151.7	67.3	65.6	32.7	193.8	3.2	286.5	39.8	100.0	50.0	0.14	21
2014-10-16	12:01	119.950	27.707	2.9	320.0	80.0	180.0	230.0	90.0	170.0	184.6	7.1	275.4	7.1	50.0	80.0	0.00	20
2014-10-17	05:42	119.964	27.699	2.6	122.4	60.5	151.7	227.3	65.6	32.7	353.8	3.2	86.5	39.8	260.0	50.0	0.05	21
2014-10-17	05:50	119.971	27.696	2.4	136.8	74.8	−131.8	30.5	44.0	−22.2	6.0	44.0	256.7	18.9	150.0	40.0	0.14	22
2014-10-17	09:13	119.964	27.695	2.4	117.1	71.3	111.2	246.8	28.0	43.2	190.9	23.4	56.3	58.4	290.0	20.0	0.09	23
2014-10-18	08:50	119.944	27.708	2.7	309.6	81.4	175.0	40.4	85.0	8.7	174.8	2.6	265.2	9.7	70.0	80.0	0.08	24
2014-10-18	08:50	119.947	27.707	3.0	302.5	80.2	−151.5	207.2	62.0	−11.2	168.3	27.0	72.0	12.2	320.0	60.0	0.08	12
2014-10-18	21:12	119.936	27.716	2.8	116.0	71.3	156.1	214.1	67.5	20.4	165.7	2.5	74.2	29.9	260.0	60.0	0.04	26
2014-10-19	16:59	119.946	27.706	3.0	299.4	70.3	176.4	30.6	86.6	19.7	163.3	11.3	256.7	16.3	40.0	70.0	0.04	23

将本区域地震震源机制各参数进行归一频次统计(图4.20),结果显示,节面
Ⅰ走向为北东向,节面Ⅱ走向为北西向,主压应力P轴方位为北北西,最大主张
应力T轴方位为北东东向,具有较好的一致性。两组节面的倾角绝大多数大于
70°,P轴仰角大多数小于10°,最大为32°,接近水平。珊溪台、黄坛台和泰顺台
记录到该地震序列的全部地震,所有地震的P波初动符号均表现为珊溪台为
"+",黄坛台为"-",泰顺台为"+",具有高度的一致性。这可能反映了这些地
震的发震断层是同一条断层。

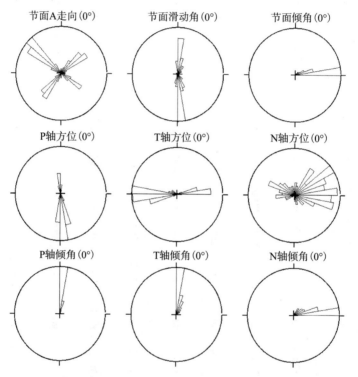

图4.20 珊溪水库地震震源机制各参数归一频次分布

4.3.2 小震综合断层面解

珊溪水库地震频度高,记录地震的台站覆盖密度大且方位分布较为均匀,这
为通过P波初动计算综合断层面解提供了条件。利用浙江省及福建省台网记录
的地震波P_g、P_n波初动符号,根据定位后地震分布特征,将地震分为a、b、c、d区,
尝试扫描(许忠淮等,1983)计算各区及全部地震综合断层面解(表4.4、图4.21),
结果表明各区及全部地震获得的震源机制解基本一致。小震综合断层面解给出
的水库震源区平均P轴方向为北北西向,平均T轴为近东西向,该结果与4.3.1节

根据单次地震震源机制解统计的结果基本一致。震源区构造变形呈南北向压缩、近东西向拉张。各区域震源机制解的节面走向和倾滑分量等存在的差异较小,表明震源区区域应力场方向比较一致。

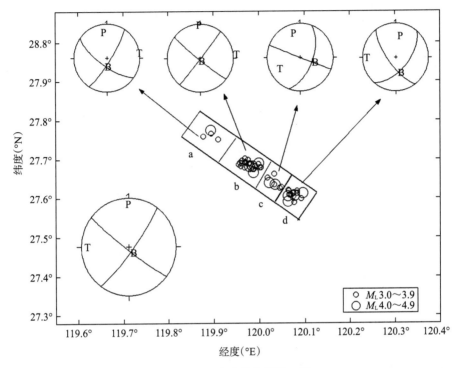

图4.21　小震综合断层面解

表4.4　分区的小震综合断层面解

区域	节面A(°)			节面B(°)			P轴(°)		T轴(°)		N轴(°)		矛盾符号比
	走向	倾角	滑动角	走向	倾角	滑动角	方位	仰角	方位	仰角	方位	仰角	
a区	126	71	−19	33	81	−170	348	20	80	7	188	69	0.18
b区	129	86	−176	39	88	−2	354	4	84	2	199	85	0.26
c区	111	89	−179	21	59	−31	340	22	241	21	113	59	0.19
d区	143	71	−157	41	58	−34	6	37	270	8	170	52	0.28
全区域	127	85	−175	37	82	−8	352	9	262	2	160	81	0.39

第5章　地震重新定位及地壳速度结构反演

本章采用震源位置和速度结构联合反演方法对珊溪水库震群的震源位置进行重新定位,并得到震中区及周边地区P波速度结构。反演采用安徽屯溪——浙江温州地学断面P波速度结构在温州附近的结果作为初始速度模型,经反演计算后得到震源区速度结构和1810次地震震源参数。结果表明:①地震分布优势方向总体呈NW向,且绝大部分地震沿着穿过水库淹没区的双溪——焦溪垟断裂分布,断裂两侧规模更小的断层上只有个别2.0级左右和少部分小于等于1.0级地震分布。沿着双溪——焦溪垟断裂地震分布具有分段性,断裂西北段只在其西南分支断层上有地震分布,东南段在两条分支断层上均有地震分布,中段则除双溪——焦溪垟断裂的三条分支断层上有地震分布外,在周边其他小断层上也有零星小震分布。②不同时期震中位置有所不同,震中有随时间发生迁移的现象。震中迁移大致可以分为4个阶段:2002—2003年,地震集中发生在北西向双溪——焦溪垟断裂穿过水库淹没区的段落,三条分支断层上均有地震分布,震中分布优势方向为北北西;2004—2005年,地震开始向南迁移,并且震中比较分散,没有明显的优势分布方向,NE、NW、NEE向多条断裂均有小震活动,且这一时段的地震震级相对较小;2006年2月开始,库区地震活动重新开始活跃,且地震全部发生在双溪——焦溪垟断裂东南段,震中分布优势方向与该断裂走向一致;2014年,地震开始沿着双溪——焦溪垟断裂向西北方向迁移,并且绝大部分地震集中发生在断裂的西北段。③使用重新定位后的震源位置进行拟合,得到发震断层面参数为走向角130°,倾向角81°,倾向西南。该参数与穿过水库区的双溪——焦溪垟断裂的几何参数大体一致,结合震源机制解结果和烈度等震线Ⅵ度和Ⅴ度线椭圆长轴方向判定,NW向双溪—焦溪垟断裂为发震断裂。④沿着NW向双溪—焦溪垟断裂的P波速度分布不均匀,大约在断裂穿过水库淹没区一段,P波速度减小,减小幅度约为2%。2002—2003年,地震主要发生在P波速度低值异常区;2006年以后,地震则主要发生在波速低值向高值过渡的区域。震中区波速结构的这种差异,可能反映了各阶段震中区岩石物理性质乃至发震机制等存在差异。结合地震活动与水位关系及区域应力场的扰动影响,可将珊溪水库地震划分为三个阶段,即与水位变化密切相关的诱发阶段、与水位变化关系不明显的调整阶段以及与区域地震活动有关的窗口阶段。这三个阶段中,地震活动特征和主要影响因素各不相同。

5.1 震源参数与速度结构联合反演

确定震源位置的精度主要受到地震台网的布局、可用定位的震相、地震波到时读数的精度以及所取的地壳速度结构模型等因素的影响(蔡明军等,2004)。在现有的地震定位方法和地震监测条件下,采用高精度地壳速度结构模型对地震定位精度的提高将是至关重要的。随着地震层析成像技术的发展,大量三维地壳速度结构模型的建立将为地震定位提供极好的研究基础。本章采用震源位置和速度结构联合反演方法对珊溪水库震群的震源位置进行重新定位,并得到震中区及周边地区的P波速度结构,通过分析震中位置与震源深度分布的时空变化特征,结合地质构造环境、小震震源机制解和宏观调查结果,确定珊溪水库地震的发震构造。

5.1.1 地震监测概况

2002年7月,区域内发生3.5级地震时,震中50 km范围内没有地震台,100 km范围只有温州台和庆元台两个地震台站。区域台网对震中区的地震监测能力为2.0级,且定位精度不高。珊溪水库这一时期发生的地震有近一半定位精度为Ⅱ类[①],即震中误差为5~15 km。2003年,库区新建了珊溪、黄坛两个数

---

① 浙江省测震台网地震观测报告

字地震遥测台,台站于2003年4月开始运行。珊溪、黄坛台开始观测以后,监测能力大大提高,能记录到0级以上地震,地震定位精度得到一定程度的改善,但仍有31%地震的定位精度为Ⅱ类。2006年2月4日地震后,震中区先后架设了新浦、联云、包垟、云湖4个流动台,加上珊溪台、黄坛台和区域台泰顺台,震中30 km范围内有7个台,组成了一个小型的水库地震台网,监测能力和定位精度有了很大的提高。2007年对流动台实行了改造,部分台站位置发生了变化。为了进一步改善水库台网的布局,2010年在震中区东北方向新建了黄龙地震台,并于2011年1月投入观测。到目前为止,珊溪水库地震台网包括8个测震台站(图5.1),台站台基均为凝灰岩,观测仪器均采用港震公司生产的FSS－3B型短周期地震计,观测数据通过无线网络实时传输至浙江区域台网中心。

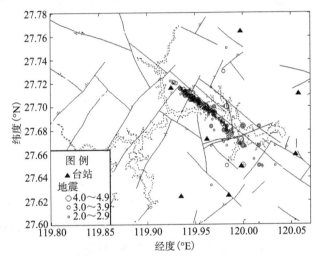

图5.1　珊溪水库地震台网分布

为了尽可能利用已有的地震资料,增加地震射线的覆盖密度和覆盖范围,提高反演计算的精度,反演计算中除了使用浙江测震台网地震观测报告提供的P波到时资料外,还收集了福建测震台网地震观测报告,补充分析读取了2006年水库流动台的地震记录P波到时资料。这样,截至2014年9月23日,获得了在4个以上台站有清晰记录的地震1907次,共计28224条P_g波到时数据。这1907次地震中包括:0～0.9级地震931次,1.0～1.9级630次,2.0～2.9级275次,3.0～3.9级57次,4.0～4.9级14次。参与反演计算的所有地震的走时随震中距分布如图5.2所示。

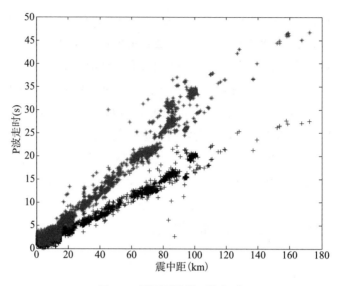

图5.2　用于反演的P波走时

5.1.2　反演方法

要较好地确定震源位置、断层面取向和应力降等震源参数,需要有好的区域速度模型。确定地壳和上地幔地震波速度结构是地球物理学重要的研究课题之一。为此,20世纪以来,学者们已经提出了许多地震层析成像方法,走时反演是其中最活跃的方面。Aki & Lee(1976)提出了利用地震台阵天然地震P波到时资料反演地球内部三维速度结构的方法,Pavlis et al.(1980)和Spencer & Gubbins(1980)用参数分离的办法改善了上述方法,使用耦合着的速度和震源参数方程分别进行求解。20世纪80年代以来,研究地球内部结构最重要的进展之一是地震波层析成像技术的推广应用。该技术通过对大量的穿透地球内部且来自不同方向的地震波射线进行观测,根据观测到的地震波走时或振幅资料,反演获得关于地球内部介质速度以及介质物理参数的三维信息,从而将研究区域地球内部结构以三维模式直观地呈现出来。在速度结构和震源位置的联合反演中,将震源视为点源,理论走时按几何射线路径计算。设地震波的速度为 v ,研究区域内有 n_s 个台站观测到 m_e 次地震,由第 i 次地震震源到第 j 个台站的地震波走时可按几何射线路径进行计算:

$$T_{ij} = \int_{L_{ij}} \frac{1}{v(\boldsymbol{r})} \mathrm{d}s = \int_{L_{ij}} u(\boldsymbol{r}) \mathrm{d}s \tag{5.1}$$

式中, $\boldsymbol{r}$ 是位矢, $u(\boldsymbol{r}) = 1/v(\boldsymbol{r})$ 是速度的倒数,称作慢度, L_{ij} 是射线路径,ds是路

径线元。走时 T_{ij} 等于沿射线路径的积分,而路径同介质速度和震源位置有关,速度的变化和震源位置的改变都要引起射线路径的改变。走时 T_{ij} 是速度 v 的非线性函数。因此,利用式(5.1)反演速度是高度非线性问题,可按下述方式线性化(刘福田等,1989):

$$\delta T_{ij} = T_{ij}^o - T_{ij}^c = \int_{L_{ij}} \delta\left(\frac{1}{v}\right)\mathrm{d}s + \nabla_{q_i} T_{ij} \cdot \delta q_i^l + e_{ij} \tag{5.2}$$

式中, T_{ij}^o 是第 i 个震源到第 j 个台站的观测走时, T_{ij}^c 为根据速度模型计算的理论走时, q_i^l ($l=1,2,3,4$)分别为第 i 个地震的深度、纬度、经度和发震时间, e_{ij} 为观测误差和线性化等引进的误差项。

实际地球介质是相当复杂的,在研究实际问题时,不得不做一些简化。在重建速度的问题中,常见方法是利用均匀速度块把模型参数化,而且分层时不考虑速度间断面,用三维空间中的非均匀网格点的速度值描述介质的速度函数,并且允许存在介质参数的间断面。于是,介质模型的参数化包括速度函数和几何界面的描述。采用球面坐标,研究区域为若干六面体所覆盖,规定六面体节点处的速度值为 v_α ,则六面体内任一点的速度值可以通过插值得到

$$v(r,\theta,\phi) = \sum_{\alpha \in H} v_\alpha F_\alpha(r,\theta,\phi) \tag{5.3}$$

式中, $F_\alpha(r,\theta,\phi)$ 为已知的基函数, $\alpha \in H$ 表示用六面体 H 的节点速度插值。在球面坐标系中,路径的微分方程为

$$\frac{\mathrm{d}r}{\mathrm{d}t} = v^2 p_r , \quad \frac{\mathrm{d}\theta}{\mathrm{d}t} = \frac{v^2}{r} p_\theta , \quad \frac{\mathrm{d}\phi}{\mathrm{d}t} = \frac{v^2}{r\sin\theta} p_\phi$$

式中, $\boldsymbol{p} = (p_r, p_\theta, p_\phi)$ 为慢度向量

$$p_r = \frac{\cos\gamma_r}{v} , \quad p_\theta = \frac{\cos\gamma_\theta}{v} , \quad p_\phi = \frac{\cos\gamma_\phi}{v}$$

其中, $\cos\gamma_r$, $\cos\gamma_\theta$, $\cos\gamma_\phi$ 为射线的方向余弦

$$\cos^2\gamma_r + \cos^2\gamma_\theta + \cos^2\gamma_\phi = 1$$

式(5.2)的第一项为速度相对于 v_0 有小扰动 δv 时所引起的走时变化,根据费马原理,由它引起的射线路径的变化对走时的影响为二阶量,因此,路径 L_{ij} 可按照参考速度 v_0 时由射线追踪方程确定,结果为

$$\int_{L_{ij}} \delta\left(\frac{1}{v}\right)\mathrm{d}s = \sum_{l=1}^{NL} \delta t_l = \sum_{l=1}^{NL} \int_{S_{l-1}}^{S_l} \delta\left(\frac{1}{v}\right)\mathrm{d}s \tag{5.4}$$

式中, l 表示第 l 段路径, S_{l-1} 和 S_l 分别表示第 l 段路径的始点和终点,相应的速度值写做 $v(S_{l-1})$ 和 $v(S_l)$, NL 由射线追踪确定。如果积分不跨过界面,则被积

函数 $\delta\left(\dfrac{1}{v}\right)$ 将不会在积分区间改变符号,按照中值定理

$$\delta t_l = \frac{\Delta S_l}{2}\left[\delta\left(\frac{1}{v(S_{l-1})}\right)+\delta\left(\frac{1}{v(S_l)}\right)\right],\ \Delta S_l = S_l - S_{l-1}$$

把式(5.3)代入上式,则有

$$\delta t_l = \frac{1}{2}\left[\frac{\Delta S_l}{v(S_{l-1})}\sum_{\alpha_1\in H}f_{\alpha_1}\left(\frac{\delta v_{\alpha_1}}{v_{\alpha_1}}\right)+\frac{\Delta S_l}{v(S_l)}\sum_{\alpha_2\in H}f_{\alpha_2}\left(\frac{\delta v_{\alpha_2}}{v_{\alpha_2}}\right)\right] \tag{5.5}$$

式中,

$$f_{\alpha_1}=F_{\alpha_1}\frac{v_{\alpha_1}}{v(S_{l-1})}\ ,\ f_{\alpha_2}=F_{\alpha_2}\frac{v_{\alpha_2}}{v(S_l)}$$

并记

$$x_\alpha = -\frac{\delta v_\alpha}{v_\alpha}=\frac{\delta u_\alpha}{u_\alpha}$$

其中,u_α 为地震波慢度,x_α 为慢度的相对扰动。因此,式(5.2)的第一项为

$$\int_{L_{ij}}\delta\left(\frac{1}{v}\right)\mathrm{d}s=\frac{1}{2}\sum_{l=1}^{NL}\left[\frac{\Delta S_l}{v(S_{l-1})}\sum_{\alpha_1\in H}f_{\alpha_1}x_{\alpha_1}+\frac{\Delta S_l}{v(S_l)}\sum_{\alpha_2\in H}f_{\alpha_2}x_{\alpha_2}\right] \tag{5.6}$$

式(5.2)的第二项代表震源参数和发震时刻变化对走时的影响

$$\nabla_{q_i}T_{ij}\cdot\delta q_i^l=\frac{\partial T_{ij}}{\partial r_i}\delta r_i+\frac{\partial T_{ij}}{\partial \theta_i}\delta\theta_i+\frac{\partial T_{ij}}{\partial \phi_i}\delta\phi_i+\delta o_i \tag{5.7}$$

式中,δo_i 为发震时刻

$$\frac{\partial T_{ij}}{\partial r_i}=-p_{r_i}\ ,\ \frac{\partial T_{ij}}{\partial \theta_i}=-r_ip_{\theta_i}\ ,\ \frac{\partial T_{ij}}{\partial \phi_i}=-r_i\sin\theta_ip_{\phi_i}$$

考虑到地震的时、空参数量纲不同,类似于速度参数,把扰动量化成无量纲量,则式(5.7)可以写成

$$\nabla_{q_i}T_{ij}\cdot\delta q_i^l = -p_{r_i}\langle\delta r_i\rangle\frac{\delta r_i}{\langle\delta r_i\rangle}-r_ip_{\theta_i}\langle\delta\theta_i\rangle\frac{\delta\theta_i}{\langle\delta\theta_i\rangle}-r_i\sin\theta_ip_{\phi_i}\langle\delta\phi_i\rangle\frac{\delta\phi_i}{\langle\delta\phi_i\rangle}+\delta o_i$$

$$= -p'_{r_i}\delta r'_i-r_ip'_{\theta_i}\delta\theta'_i-r_i\sin\theta_ip'_{\phi_i}\delta\phi'_i+\delta o'_i \tag{5.8}$$

$$p'_{r_i}=p_{r_i}\langle\delta r_i\rangle,\ p'_{\theta_i}=p_{\theta_i}\langle\delta\theta_i\rangle,\ p'_{\phi_i}=p_{\phi_i}\langle\delta\phi_i\rangle,\ \delta'o_i=\delta o_i\langle ls\rangle$$

式中,$\langle\delta r_i\rangle$,$\langle\delta\theta_i\rangle$,$\langle\delta\phi_i\rangle$ 为相应量的期望值,记作

$$y^i=\left(\delta r'_i,\delta\theta'_i,\delta\phi'_i,\delta o'_i\right)$$

把式(5.6)和(5.8)代入式(5.2),得到第 i 次地震的矩阵表达式

$$\delta t^i = A^ix^i+B^iy^i$$

对 m_e 个地震有

$$Ax + By = \delta t \tag{5.9}$$

式中，

$$\delta t = \begin{bmatrix} \delta t_1 \\ \delta t_2 \\ \vdots \\ \delta t_{m_e} \end{bmatrix} \qquad A = \begin{bmatrix} A^1 \\ A^2 \\ \vdots \\ A^{m_e} \end{bmatrix} \qquad B = \begin{bmatrix} B^1 \\ B^2 \\ \vdots \\ B^{m_e} \end{bmatrix}$$

$$x = \begin{pmatrix} x_1 & x_2 & \cdots & x_n \end{pmatrix}^T, \quad y = \begin{pmatrix} y_1^T & y_2^T & \cdots & y_{m_e}^T \end{pmatrix}^T$$

其中，A 为 $m \times n$ 矩阵。假设研究区域内有观测记录的台站数为 n_s，则 $m = m_e \times n_s$，n 与六面体节点数有关。A 的元素由式(5.6)给出。B 为 $n_s \times 4$ 矩阵，其元素由式(5.8)给出。对于研究区域内有 n_s 个台站观测到 m_e 个地震的情况，可以建立式(5.9)形式的方程组，用于速度图像重建的层析成像法(刘福田，1984)可归结为求解矩阵方程组(5.9)。

显然式(5.9)中速度参数和震源参数是相互耦合的，即走时残差是由于震源参数的扰动和速度的扰动引起的。要在同一个方程中同时反演两种不同量纲的参数，除了会增加算法的数值不稳定性外，在实用上需要大量的计算机内存和机时，因此必须进行参数分离。采用刘福田等(1989)提出的正交投影算子方法，可将速度参数和震源参数解耦，即将式(5.9)分解为分别求解速度参数和震源参数的两个方程

$$\left(I - P_B\right) A \delta v = \left(I - P_B\right) \delta t \tag{5.10}$$

$$B \delta x = P_B \left(\delta t - \delta v\right) \tag{5.11}$$

x 和 y 可以分别求解。式(5.10)和(5.11)中，P_B 为与震源参数有关的从 Rm 到 B 的像空间 $R(B)$ 上的正交投影算子。速度参数和震源参数解耦后的分析表明，速度扰动量的确定与震源位置扰动量无直接关系，仅与它的初值有关，而震源位置扰动量则与速度扰动量明显有关。地震定位精度除了受地震台网的布局、可用定位的震相和地震波到时读数的精度等的影响外，还主要受到速度结构的影响。根据式(5.10)和(5.11)，联合反演过程中先确定研究区的速度结构参数，再确定震源参数，从而消除了速度结构的不确定性对定位精度的影响。因此，通过震源位置和速度的联合反演可以有效提高地震定位质量。

5.1.3 初始速度模型

在大地构造单元上，珊溪水库位于华南褶皱系的东南沿海褶皱带。华南褶

皱系地壳结构以政和—海丰断裂为界,断裂以西(武夷隆起)与下扬子凹陷相似,断裂以东(东南沿海褶皱带)地壳厚度约为29.5 km(王椿镛等,1995;1998)。孔祥儒等(1995)根据重力资料推测温州附近地壳厚度变化较平缓,一般在32~33 km,取珊溪水库地区的地壳厚度为33 km。

在国家基金委和中国科学院重大基础研究项目支持下,1991—1993年,中国科学院地球物理研究所在安徽屯溪到浙江温州一带开展了综合地球物理深部研究工作,完成了从安徽屯溪—浙江温州的地学断面研究(熊绍柏和刘宏兵,2000;孔祥儒等,1995;李继亮,1996),得到了屯溪—温州地学断面岩石圈的二维P波速度结构(图5.3)。结果表明,莫霍面具有从西北向东南抬升的总趋势,在剖面西北的皖浙交界的白际山一带莫霍面深度达到36 km,而在青田—温州一带只有28~30 km,地壳平均厚度为32 km。在整个剖面内都存在P波速度为5.8~5.9 km/s的低速层。上地壳速度分布以江山—绍兴断裂带(溪口附近)为分界线,两侧表现为不同的特征,断裂西北侧速度等值线起伏很大,断裂东南侧速度等值线变化相对平缓。

珊溪水库震区位于屯溪—温州剖面西南约50 km处,采用屯溪—温州剖面获得的地壳结构与地震波速度在温州附近的结果(熊绍柏和刘宏兵,2000;熊绍柏等,2002)作为反演的初始速度模型(表5.1)。温州附近地区P波速度变化特征表现为:地表至6 km左右深度处P波速度等值线密度大,速度随深度增加较快,速度梯度大;13~17 km深度存在低速层;17~20 km速度随深度的增加快速增大,速度梯度较大;20 km以下直至莫霍面P波速度随深度增加而增大。由于反演使用的P波走时均为近台的P_g资料,因此,初始速度模型只是给出了莫霍面以上的地壳速度。

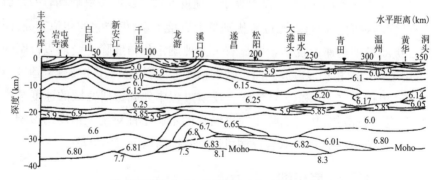

注:图中数字,如6.81为纵波速度值,单位为km/s

图5.3 屯溪—温州一带岩石圈二维速度结构(熊绍柏和刘宏兵,2000)

表5.1　浙江珊溪水库地区地壳初始P波速度值

距离地表深度(km)	0	3	13	17	20	33
速度(km/s)	5.7	6.0	6.15	5.85	6.6	8.1

采用周龙泉等(2006)发展的计算程序,反演计算中选取研究区为矩形区域,其范围为27.0°～28.0°N,118.8°～120.8°E。由于地震和台站分布的原因,在划分网格时,靠近研究区边界的地方地震较少,网格间距划分得比较大;靠近研究区中心位置,地震比较密集,网格间距划分得比较小。在平面方向上将研究区域划分成5×4共20个网格,具体的划分方案见图5.4。

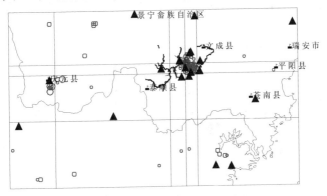

圆圈:地震震中;三角:地震台站

图5.4　反演计算网格划分与重新定位前震中分布

5.1.4　反演结果

(1) 解的分辨分析

由于反演问题的多解性,以及观测误差导致解的误差,因此必须对解进行分辨分析和误差分析。采用检测板方法对不同深度上解的分辨率进行估计的基本原理是,在给定速度模型参数基础上,对各节点正负相间进行扰动,然后根据实际射线分布通过正演计算得到理论走时数据;将理论走时数据加上一定随机误差后作为观测数据进行反演,要求反演方法与实际成像过程中的方法一致;最后比较反演结果和检测板的相似程度,作为解的可靠性的估计。扰动值取为正常值的±3%。图5.5给出了珊溪水库及周围区域不同深度P波检测板试验结果,以及3 km、13 km、17 km和20 km深度上解的分辨率。由图可见,3 km深度的(特别是椭圆形框内)检测板上无论是在幅度上还是正负相间上,均还原得较好,因此该深度上解的分辨率都是令人满意的。13 km、17 km和20 km深度上正负相间的扰动模式没有很好的还原,这可能是由于珊溪水库地震震源深度全部小于10 km,且大部分台站震中距均小于20 km,在这一深度穿过的射线较少的缘故。

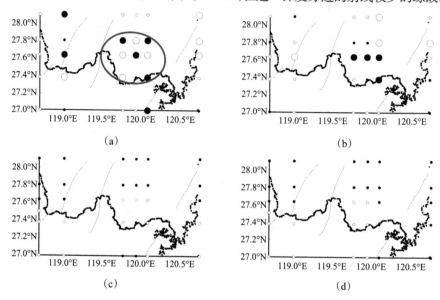

图5.5 不同深度P波检测板试验结果

(a)2 km深度;(b)13 km深度;(c)17 km深度;(d)20 km深度

(2) 地震定位结果

参与反演计算的地震1907次,经重新定位后得到1810次地震震源参数。速度结构和震源参数联合迭代反演计算提高了地震的定位精度,地震定位精度可以用地震P波走时残差描述。重新定位后,地震P波走时残差为0.078 s,其中残差≤0.05 s的地震有829次,占总数的45.8%;残差≤0.1 s的地震有1256次,占总数的69.4%(见图5.6(a))。2008年以后编制的地震观测报告中提供了地震定位走时残差,可以通过对比重新定位前后走时残差的大小来评估地震定位精度。2008年以来,重新定位前地震定位走时残差平均值为0.057 s,重新定位后减小为0.036 s,说明地震定位精度有了明显的改善。重新定位后,震中经度方向定位误差小于500 m的地震1254次,占总数的69.3%;定位误差小于1000 m的地震1742次,占总数的96.2%(图5.6(d))。纬度方向定位误差小于500 m的地震1332次,占总数的73.6%;定位误差小于1000 m的地震1719次,占总数的95%

（图5.6（c））。深度方向定位误差小于500 m的地震1163次，占总数的64.3%；定位误差小于1000 m的地震1517次，占总数的83.8%（图5.6（b））。总体来看，水平方向定位误差小于深度方向，即水平方向定位精度优于深度方向，符合地震定位误差分布规律。

2008年以后珊溪水库台网运行比较正常和规范，地震定位走时残差明显减小，特别是2011年黄龙地震台投入运行以后，水库台网的布局更加合理，地震定位走时残差全部小于0.1 s。2007年以前有相当一部分地震的定位走时残差大于0.1 s（图5.7），定位精度低于2008年以后的地震。

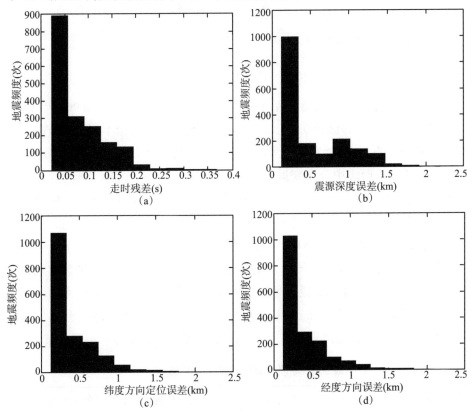

图5.6　地震定位走时残差（a）、震源深度误差（b）、
纬度方向定位误差（c）和经度方向误差（d）分布

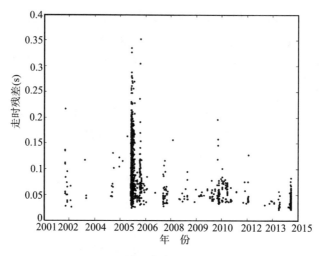

图5.7 地震定位走时残差变化

按震级进行统计,重新定位后的1810次地震中包括:0~0.9级906次,1.0~1.9级573次,2.0~2.9级260次,3.0~3.9级57次,4.0~4.9级14次,即经重新定位后有94.5%的2.0级地震和全部的$M_L \geq 3.0$级地震得到了新的震源参数(表5.2)。重新定位后震中分布变得更加集中(图5.8),与构造的关系也更加清楚。图5.8表明,全部地震分布在水库淹没区及水库库岸两侧附近,离开水体最远的地震也不超过5 km。地震分布优势方向总体呈NW向,且绝大部分地震沿着穿过水库淹没区的双溪—焦溪垟断裂分布,断裂两侧规模更小的断层上只有个别2.0级左右和少部分小于等于1.0级地震分布。沿着双溪—焦溪垟断裂的地震分布具有分段性,在断裂西北段只是在其西南分支断层上有地震分布,东南段在两条分支断层上均有地震分布,在中段则地震分布范围较大,除双溪—焦溪垟断裂的3条分支断层上有地震分布外,在周边其他小断层上也有零星小震分布。

表5.2 珊溪水库地震定位前后震级统计

地震震级范围 M_L	地震总次数 (次)	参与反演计算地震数目(次)	定位后地震数目 (次)	重新定位地震占总地震数百分比(%)
0~0.9级	2983	931	906	30.4
1.0~1.9级	1147	630	573	50.0
2.0~2.9级	275	275	260	94.5
3.0~3.9级	57	57	57	100.0
4.0~4.9级	14	14	14	100.0
总　数	4476	1907	1810	94.9

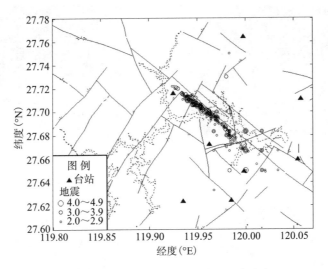

图5.8　珊溪水库地震重新定位后震中分布

5.2　地壳速度结构

使用2002年7月—2014年9月23日P波到时资料进行反演计算,得到不同深度处P波速度及其变化。图5.9分别给出了2 km、5 km和10 km三个不同深度处P波速度分布,以及相应深度处上下2.0 km范围内的震中分布。反演模型中,2 km深度层位给定的初始速度为5.9 km/s。反演结果显示,2 km深度层位存在一个低P波速度异常区,异常最大幅度达到4%;低速区大致位于NE向断裂(f_{17},见第2章图2.1,后同)、近EW向断裂(f_{14})与NW向双溪—焦溪垟断裂(f_{11})围成的区域及周边;f_{11}位于高、低速过渡的梯度带上。随着深度的增加,P波低速异常区范围和异常值均逐渐减小,并出现P波速度高速异常区,至5 km层位低值异常幅度减小为2%左右。在10 km深度层位上,P波速度低值异常区不明显,但在水库的西南方向出现了小范围的高速异常区。事实上,反演结果中P波速度异常反映了经迭代计算得到的P波速度与初始值之间的偏离情况,低值异常反映的是负偏离,高值异常反映的是正偏离,异常值越大说明偏离越大。反演计算得到的P波速度是参与计算所使用资料时间范围内的平均值。资料时间越长,数据越多,反演结果越可靠,但同时也越难反映P波速度随时间的变化。

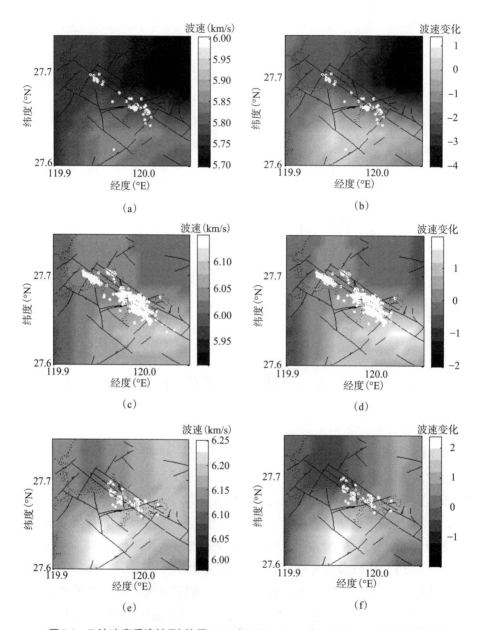

图5.9　P波速度反演结果(使用2002年7月—2014年9月23日P波到时资料)

(a)2 km深度处P波速度；(b)2 km深度处P波速度变化；(c)5 km深度处P波速度；
(d)5 km深度处P波速度变化；(e)10 km深度处P波速度；(f)10 km深度处P波速度变化

　　为了进一步了解P波速度在深度方向的变化，沿着平行于NW向双溪—焦溪垟断裂方向作剖面a、b、c，以及垂直于双溪—焦溪垟断裂方向作剖面d、e、f、g和h(剖面位置见图5.10)，分别绘制以上8个剖面上的P波速度和P波速度变化，并把剖面两侧各 2 km 范围的地震投影到剖面上。P 波速度变化是指与初始速度模型 P 波速度相比,反演迭代计算后得到的每一节点 P 波速度变化值的百分比。图 5.11 给出了其中的北西方向 b 剖面和北东方向 d、e、h 剖面上的 P 波速度等值线和地震。b 剖面 P 波速度分布显示,0~3 km 深度处,P 波速度随深度递增,3 km 深度处的 P 波速度为 6 km/s,与给定的速度初始值基本一致(表 5.1)。3~13 km 深度处(即低速层以上),P 波速度呈现出横向不均匀。剖面西北段直到 13 km 深度处 P 波速度仍为 6 km/s,小于初始模型给定的速度值,而剖面东南段 P 波速度变化与初始速度模型基本一致。d、e 剖面也显示出 3~13 km 深度 P 波速度分布的横向不均匀性,剖面两端 P 波速度变化基本与初始模型一致,而剖面中间一段即位于水库淹没区一段 P 波速度较低。h 剖面 P 波速度分布基本与给定的初始速度值一致。

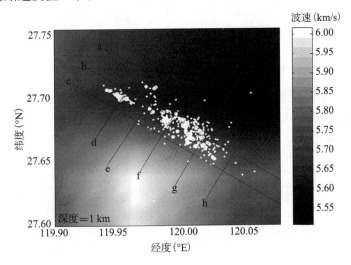

图 5.10　P 波速度分布与剖面位置

图 5.12 给出了其中的北西方向 a、b 剖面和北东方向 d、e、f、h 剖面上的 P 波速度变化和地震。b 剖面西北段(大约夹在 d、f 两剖面之间的一段)在 5~13 km 深度范围存在 P 波速度低值区,偏低大约 2%。同为垂直于双溪—焦溪垟断裂的 NE 方向展布的 d、e、f 和 h 四个剖面上 P 波速度分布存在差别。d、e 剖面上存在 P 波速度低值区,低值区大概位于剖面穿过水库淹没区一段的 5~13 km 深度处,而 f 和 h 剖面上速度比较均匀,不存在明显的异常区域(图 5.11 和图 5.12)。综合图 5.11 和图 5.12 中 8 个剖面的 P 波速度及其变化推测,沿着 NW 向双溪—焦溪垟断裂 P 波速度分布不均匀,大约在断裂穿过水库淹没区一段 P 波速度减小,减小

幅度约为2%。2002—2003年地震主要发生在P波速度低值异常区,2006年和2014年地震则主要发生在波速低值异常区的过渡区。2003年以前与2004年以后地震震中位置处波速结构的这种差异,可能反映了发震机理、震中区岩石物理性质等存在差异,这一问题将在第6章做更详细的分析。

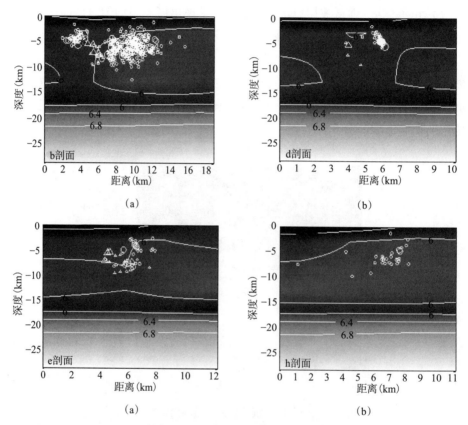

(b剖面以西北端作为坐标原点,d、e、h剖面以东北端作为坐标原点;
红色圆圈为2002—2003年地震,黑色圆圈为2004年以后地震)

图5.11　平行于双溪—焦溪垟断裂的b剖面、垂直于
双溪—焦溪垟断裂的d、e、h剖面上的P波速度与地震分布

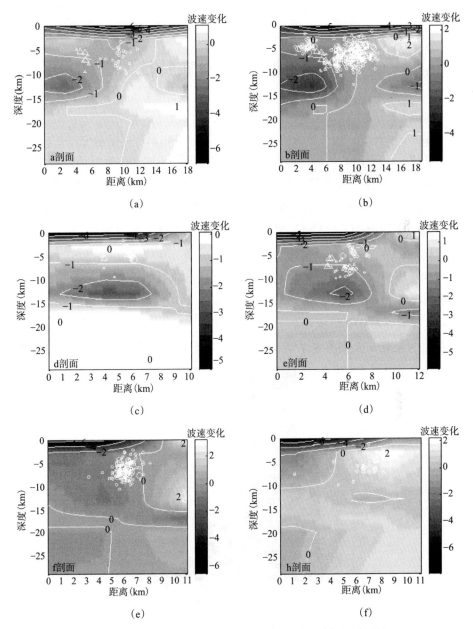

（a、b剖面以西北端作为坐标原点，d、e、f、h剖面以东北端作为坐标原点；
红色圆圈为2002—2003年地震，黑色圆圈为2004年以后地震）

图5.12 平行于双溪—焦溪垾断裂a、b剖面，以及垂直于
双溪—焦溪垾断裂d、e、f、h剖面上的P波速度变化与地震分布

5.3　地震时空分布特征

重新定位后的1810次地震震源深度平均为4.6 km,震源深度最小为不足1 km,
最大为12.8 km。P波检测板试验结果(图5.5)表明,不同深度处反演结果的分辨
率不同,定位误差存在差异。1810次地震中震源深度小于1.5 km的地震29次,
占总数的1.6%(图5.13);这一深度处地震震源深度计算误差分布在0.128～
1.974 km,平均值为1.122 km。震源深度在1.5～7.0 km的地震1610次,占总数
的89.0%;该深度处地震震源深度计算误差分布在0.121～2.024 km,平均值为
0.47 km。震源深度大于7.0 km的地震171次,占总数的9.4%;该深度范围内地
震震源深度计算误差分布在0.128～2.385 km,平均值为0.86 km。华南地震区
震源深度平均为10 km(张国民等,2002),珊溪水库地震震源深度明显小于这一
深度,这可能是由于珊溪水库地震属于水库诱发,其发震机理不同于构造地震。

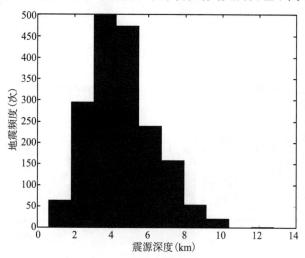

图5.13　珊溪水库地震震源深度分布

沿着双溪—焦溪垟断裂地震震源深度变化较大,位于断裂中段水库淹没的
地震较深,位于水库北岸的西北段和南岸的东南段地震较浅,沿断裂走向地震分
布呈现出两端浅中间深的变化。此外,在地震集中区外围距离水库淹没区较远
的地震震源深度较大(图5.14)。

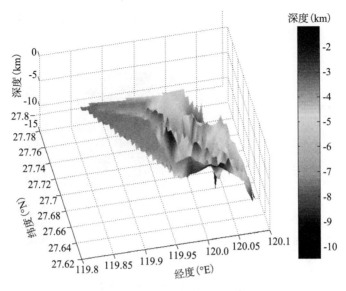

图5.14　震源深度空间分布

　　沿平行于NW向双溪—焦溪垾断裂方向的b剖面地震呈现一个不对称的"V"字形分布(图5.15),位于水库北岸的NW端地震密集,震源深度均小于6 km;在水库淹没区地震也非常密集,且震源深度逐渐变大。其中震源最深的达到12.8 km,大概位于双溪—焦溪垾断裂与近SN向断裂f_{15}的交汇部位附近,该处也是2002年水库最初发生地震的地方。再往东南,震源深度又逐渐变小,在位于水库南岸的ES端附近,震源深度均小于7 km。在垂直于双溪—焦溪垾断裂的d、e、f和h剖面上,地震分布优势方向有很大的差异(图5.15)。剖面d上地震存在一个集中分布的密集区;如果地震密集区的轮廓反映了地震断层面的产状,则该断层为一倾向西南的高角度断层。e剖面穿过了2002年震群的震中区,大体位于2006年震群和2014年震群之间,5 km深度以上的浅部地震密集,地震位置勾勒出的轮廓与d剖面相似,大于5 km深度范围地震较稀疏,轮廓不清楚。f剖面中存在地震相对集中分布的密集区,但密集区范围较大,轮廓不清楚。h剖面上地震尽管分布在一个较小的范围,但由于地震较少,地震分布的轮廓不清楚。

　　不同时期地震震源深度不同。2002—2003年地震震源深度分布在5~10 km,2004年地震深度开始逐渐变小,至2006年地震深度又变大,且震源深度变化大,1~10 km范围均有地震分布,甚至有个别地震的深度超过10 km。2007年以后发生的地震较浅,且震源深度变化不大,主要分布在2~5 km(图5.16)。

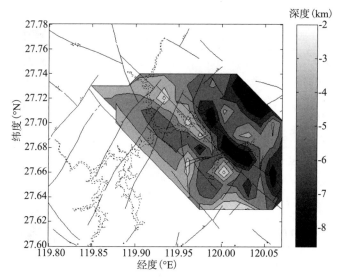

图5.15 震源深度等值线分布

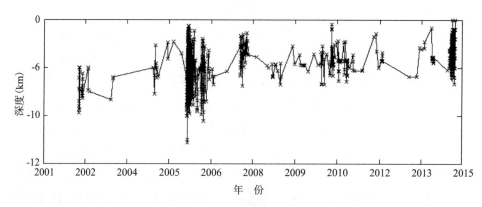

图5.16 震源深度变化

不同时期震中位置有所不同,震中有随时间发生迁移的现象。震中迁移大致可以分为四个阶段(图5.17):①2002—2003年地震集中发生在北西向双溪—焦溪垟断裂穿过水库淹没区的段落,三条分支断层上均有地震分布,震中分布优势方向为北北西。②2004—2005年地震开始向南迁移,并且震中比较分散,没有明显的优势分布方向,NE、NW、NEE向的多条断裂均有小震活动,且这一时段的地震震级相对较小(全部小于M_L 3.0级),可能是震中区的调整阶段。③经过两年多的调整,并随着水库水位上升到最高值,2006年2月开始,库区地震活动又重新活跃起来,这一时期的地震全部发生在双溪—焦溪垟断裂(f_{11})东南段,震中分布优势方向与该断层一致。④2014年地震开始沿着双溪—焦溪垟断裂向西北方向迁移,并且绝大部分地震集中发生在该断裂的西北段。

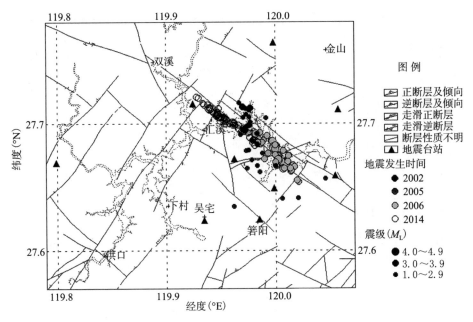

图5.17 重新定位后震中分布

5.4 发震构造

5.4.1 烈度等震线分布

2002年7月28日M_L3.5级、2002年9月5日M_L3.9级、2006年2月9日M_L4.6级震群和2014年10月25日M_L4.2级地震后均进行了详细的现场调查,得到地震烈度等震线分布图。

2002年7月28日M_L3.5级地震宏观震中位置为(27°41′27″N,119°58′91″E),震中烈度为Ⅴ度。Ⅴ度区范围包括泰顺县包垟乡、联云乡、新埔乡,百丈镇的部分地区,以及文成县仰山乡、珊溪镇、黄坦镇、云湖乡的部分地区。Ⅴ度区为面积约170 km²的椭圆状区域,椭圆长轴走向为305°(图5.18)。珊溪水库坝址位于Ⅴ度区内[1]。

---

[1] 浙江省地震局泰顺—文成M_L3.5级地震考察队. 2002年7月28日泰顺—文成M_L3.5级地震考察报告

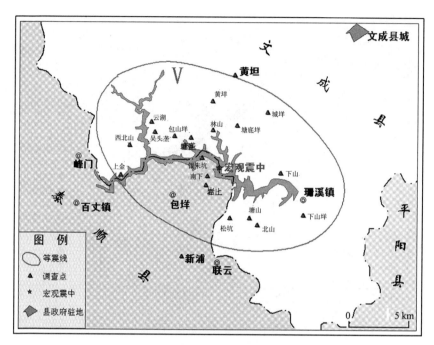

图5.18　泰顺—文成 M_L 3.5级地震等烈度线分布图

2002年9月5日 M_L 3.9级地震宏观震中位置为(27°40′4″N，119°57′5″E)，位于泰顺县包垟乡七孔田村附近，距珊溪水库大坝右坝肩约8 km，震中烈度为Ⅵ度。Ⅵ度区范围包括泰顺县包垟乡、联云乡、新埔乡的部分地区，以及文成县仰山乡、珊溪镇、云湖乡和黄坛乡南缘的部分地区①。Ⅵ度区为面积约70 km²的椭圆状区域，椭圆长轴走向约80°。在Ⅵ度区，部分砖结构房屋较高楼层出现局部细微裂缝，多数夯土墙木屋墙体出现明显裂缝，并有一定的瓦片掉落现象。Ⅴ度区范围包括泰顺县新埔乡、联云乡、莜村镇、百丈镇、峰门乡的部分地区，以及文成县云湖乡、黄坦镇、珊溪镇的部分地区。Ⅴ度区为面积约180 km²的椭圆状区域（见图5.19），椭圆长轴走向约为80°。在Ⅴ度区，少数砖结构房屋在较高楼层出现细微裂缝，部分夯土墙木屋墙体出现明显裂缝，有局部的瓦片掉落现象。珊溪水库坝址位于Ⅴ度区边界附近。

2006年2月4日4时46分，在泰顺县与文成县交界处附近发生了 M_L 3.0级地震，随后接连发生了 M_L 3.7级、 M_L 3.6级地震。截至3月6日14时，震区共发生3.5级以上地震9次，其中最大地震为2006年2月9日3时24分 M_L 4.6级地震。

---

① 浙江省地震局泰顺—文成 M_L 4.0级地震考察队. 2002年9月5日泰顺—文成 M_L 4.0级地震考察报告

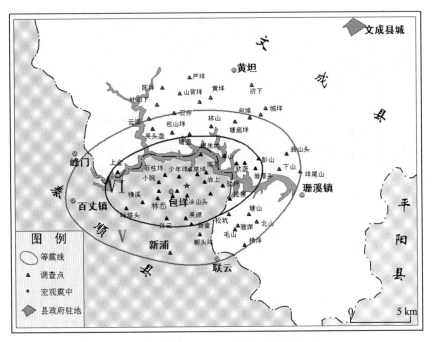

图5.19 泰顺—文成M_L3.9级地震等烈度线分布图

M_L4.6级地震的宏观震中位置为(27°40′6″N,119°59′0″E),位于泰顺县包垟乡驮坪村附近,距珊溪水库大坝右坝肩约6.4 km。震中烈度为Ⅵ度。Ⅵ度区范围包括泰顺县包垟乡、联云乡、新埔乡的部分地区,以及文成县仰山乡、珊溪镇、云湖乡和黄坦镇南缘的部分地区。Ⅵ度区为面积约45 km²的椭圆状区域,椭圆长轴北西走向。在Ⅵ度区,震害以包垟乡与联云乡之间地带为重,多数砖结构房屋在较高楼层出现裂缝,多数夯土墙木屋的墙体出现明显裂缝,破坏较重,并有数量较多的瓦片掉落现象;泰顺县新浦乡黄山村出现Ⅵ度异常区,有数间夯土墙木屋倒塌,无人员伤亡。Ⅴ度区范围包括泰顺县新埔乡、联云乡、筱村镇、百丈镇、峰门乡的部分地区,以及文成县云湖乡、黄坦镇、珊溪镇的部分地区。Ⅴ度区为面积约230 km²的椭圆状区域,椭圆长轴北西走向(图5.20)。Ⅴ度区分布在文成、泰顺两县内,少量瓦片掉落,夯土墙木屋和结构不稳的老旧危房等破坏较重,偶见砖房轻微破坏,无人员伤亡[1]。

---

① 浙江省地震局泰顺—文成M_L4.6级震群现场考察队. 2006年2月泰顺—文成M_L4.6级震群地震考察报告

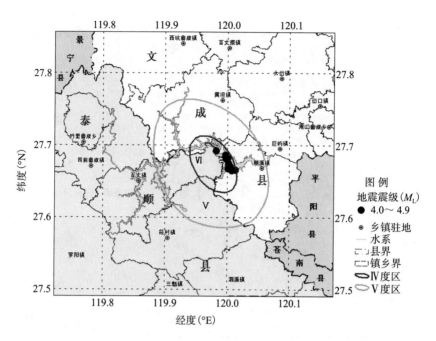

图5.20　2006年2月泰顺—文成震群综合等烈度线分布图

2014年10月25日 M_L 4.4级地震震中烈度为Ⅵ度[①]。Ⅵ度区包括文成县黄坦镇、珊溪镇的部分区域,以及泰顺县百丈镇、筱村镇的部分区域。Ⅵ度区总面积约110 km²,其中文成县所占面积为70.5 km²,泰顺县所占面积为39.5 km²。Ⅵ度区等震线长轴方向呈北西走向,与本次震群3.0级以上地震的分布方向基本一致。Ⅴ度区包括文成县黄坦镇、珊溪镇、巨屿镇、大峃镇、西坑畲族镇的部分区域,以及泰顺县百丈镇、筱村镇、竹里畲族乡、司前畲族镇、泗溪镇的部分区域。Ⅴ度区总面积598 km²,其中文成县所占面积为292.5 km²,泰顺县所占面积为305.5 km²(图5.21)。

---

①　浙江省地震局现场工作队.温州文成—泰顺交界4.2级地震震群综合地震烈度图说明书

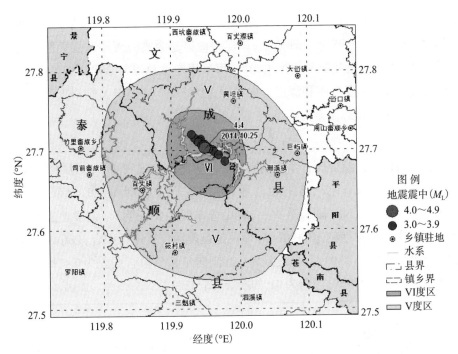

图5.21　2014年10月25日温州文成—泰顺交界 M_L 4.4级地震综合地震烈度图

5.4.2　利用地震分布确定发震断层面

重新定位后震中分布的优势方向与穿过水库区的NW向双溪—焦溪垟断裂走向一致,且地震全部分布在该断裂的西南一侧。万永革等(2008)假定地震发震断层可以用一个平面来模拟,给出了通过模拟退火全局搜索和高斯牛顿局部搜索相结合的方法确定发震断层面的走向、倾角及位置;其基本思路是寻求一个平面,使所有已经定位的余震震源位置到这个平面距离的平方和最小。

设在地理坐标系中, (x_i, y_i, z_i) 表示第 i 个余震震源位置,则断层面法向量在地理坐标系中表示为 $(\sin\varphi\sin\delta, -\cos\varphi\sin\delta, \cos\delta)$ 。于是断层面在地理坐标系中的方程为:

$$x\sin\varphi\sin\delta + y(-\cos\varphi)\sin\delta + z\cos\delta - \rho = 0$$

所以震源点 (x_i, y_i, z_i) 到平面的垂直残差为:

$$D_i = x_i\sin\varphi\sin\delta + y_i(-\cos\varphi)\sin\delta + z_i\cos\delta - \rho$$

建立目标函数为所有余震到断层面垂直距离与观测误差比值的平方和:

$$E(\rho, \varphi, \delta) = \sum_{i=1}^{n}\left(\frac{D_i}{\sigma_i}\right)^2$$

式中,E 为关于 ρ、φ、δ 的三元非线性函数,n 为参加拟合的余震数目,σ_i 表示为第 i 个余震的定位误差。理论上,该误差应该是余震位置距断层面距离的误差,但这里的断层面几何参数为未知数,可采用定位总误差给出。如果第 i 个余震的经度方向、纬度方向和深度方向的误差为 $\delta\lambda_i$、$\delta\phi_i$、δh_i,则根据误差传播公式得出震源位置总误差为:

$$\sigma_i = \sqrt{\delta\lambda_i^2 + \delta\phi_i^2 + \delta h_i^2}$$

我们的目标是使得所有余震到断层面垂直距离与观测误差比值的平方和为最小值,求解参数 ρ、φ、δ 的值。地震在 NW 向垂直剖面上的分布表明(图 5.22),地震集中区 NW 段构造单一,震中分布线性特征明显,该段地震基本为 2014 年发生。对重新确定的 2014 年珊溪地震震源位置进行拟合,最小二乘拟合参数结果为走向角 130°,拟合残差为 0.2,倾向角 81°,拟合残差为 0.4,即断层为 N50°W 走向、倾向西南、倾角为 81° 的断层(图 5.22)。

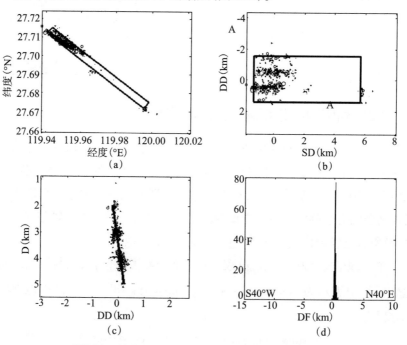

(圆圈表示精确定位的小震,粗线表示确定的断层面边界)

图 5.22　地震分布在水平面(a)、断层面(b)和垂直于
断层面的横断面(c)上的投影,以及小震距断层面距离(d)的分布

5.4.3 发震构造

地震现场宏观调查表明,除2002年9月5日 M_L 3.9级地震烈度等震线椭圆长轴方向为NEE方向外,2002年7月28日 M_L 3.5级、2006年2月9日 M_L 4.6级震群和2014年10月25日 M_L 4.4级地震的烈度等震线椭圆长轴方向均为NW方向。

由4.3节的震源机制解结果表明,节面走向、主压应力轴P轴和主张应力轴T轴走向等均具有很好的一致性,并且节面Ⅱ为NW走向,与2006年震群、2014年震群的烈度等震线Ⅵ度和Ⅴ度线椭圆区长轴方向大体一致(图5.20和图5.21),由此推测,节面Ⅱ为地震的主破裂面,破裂面倾向西南。此外,5.4.2节通过假设发震断层为一个平面,使用重新定位后的震源位置进行拟合得到发震断层面参数为走向角130°,倾向角81°,倾向西南,该参数与穿过水库区的双溪—焦溪垟断裂的几何参数大体一致。因此,珊溪水库地震序列是NW向双溪—焦溪垟断裂 f_{11} 右旋走滑错动破裂的结果(钟羽云等,2011)。

5.5 地震活动阶段性特征与主要影响因素

有研究提出(杜运连等,2008)水库诱发地震可分为两个阶段,即诱发阶段和窗口阶段。前者为水库诱发地震,属人工地震类;后者为水库构造地震,主要受控于区域应力场,可能跟水库蓄水没有关系。因此,水库地震研究不仅需要深入分析水库地震的地震学特征、与水位的关系等方面,还应把水库地震放在更大的地震活动时空背景中进行分析。

根据"973"项目"大陆强震机理与预测"对中国大陆活动地块划分的最新成果,珊溪水库位于华南地块内,华南地块是中国大陆中强地震活动比较弱的地区。1995年1月北部湾6.2级地震后华南地块地震活动水平逐年降低,到2002年降到一个非常低的水平(图5.23),2002年华南只发生 $M_L \geqslant 4.0$ 级地震2次,最大震级仅为 M_L 4.0级。2003年开始华南地震活动水平逐年上升,2005年11月江西九江发生了5.7级地震,2006年华南4级地震频度达到多年的极大值,2007年后华南地震活动水平又呈现逐年下降的趋势。区域地震活动的这种变化可能反映了2002年前后华南地块处于地壳应力水平较低时期,2005年九江地震前后华南地块处于地壳应力水平较高时期。2008年四川汶川8.0级地震后,华南地震区地震活动水平处于非常低的状态,直到2010年下半年起开始上升,开始了新一丛地震活动,并于2013年发生了广东河源5.0级和湖北巴东5.0级地震。

珊溪水库于2000年5月下闸蓄水,2002年7月库区开始发生地震,2003年、2004年地震频度和震级逐渐降低。但2005年开始库区小震频度明显增加,并于2006年2月发生了M_L4.6级震群。2006年震群后,水库区地震活动明显减弱,直到2014年9月再次发生M_L4.4级震群活动。2002年珊溪水库地震发生在华南地块区域地震活动水平极低的年份,2006年M_L4.6级和2014年M_L4.4级震群发生在华南地块区域地震活动水平较高的年份。

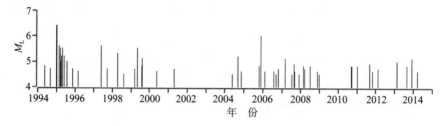

图5.23 华南地震区$M_L \geqslant$4.5级地震分布

虽然水库诱发地震与水库所在地区的背景地震活动水平没有直接关系,但地震活动可能受到区域应力场变化的影响,水库地震的起伏与区域地震活动可能有一定的相关性。这种相关性实际上是同一动力作用过程中的具体表现。综合5.3节的地震时空分布阶段性特征和3.3节的地震活动与水位关系,可将珊溪水库地震活动划分为三个阶段,即与水位变化密切相关的诱发阶段、与水位变化关系不明显的调整阶段以及与区域地震活动有关的窗口阶段。三个阶段中地震活动特征和主要影响因素是各不相同的(表5.3)。

表5.3 珊溪水库地震阶段性特征与主要影响因素

阶 段	起止时间	地震活动特点	地震活动的主要影响因素
I	2002-07—2003-12	地震成丛发生,每丛首发2级以上地震,引潮力方向均向下;震中位置集中,且位于具有良好渗透条件的水库淹没区;应力降较小(钟羽云等,2004;蒋海昆等,2014);区域地震活动水平很低;与水位变化具有相关性	水库水位、库区地质构造条件

阶　段	起止时间	地震活动特点	地震活动的主要影响因素
Ⅱ	2004-01—2005-12	活动水平低,震级小,最大为2.2级;震中较分散,震中向南迁移;库岸开始出现地震活动;地震起伏与水位变化相关性不明显	调整阶段
Ⅲ	2006年2月以后	震中优势分布方向与NW向断层走向一致;震源机制解一致性好;应力降较前期高;区域地震活动水平较高,震群活动开始于九江地震后2个多月;每丛首发地震引潮力方向均向上(蒋海昆等,2014);地震起伏与水位变化相关性不明显	华南地震区地震活动、日月引潮力、库区地质构造条件等

　　然而,珊溪水库区地质构造复杂,有多组断裂交切,致使岩体内形成具有一定方向、一定规模、一定形态和特性的面、缝、层、带状的地质界面。一方面,岩体中的这些结构面在水库蓄水后成为了良好的库水渗流通道,使库水向深部渗透,造成孔隙压力升高和结构面强度降低,有利于岩体发生错动;另一方面,地质体中不同规模的结构面附近往往容易导致应力集中,在一定条件下构成受力岩体优先变形、破坏。这种特定的地质构造环境,导致了水库蓄水以后,在构造应力场、库体自重应力场和渗流场作用下应力的不均匀集中,最终诱发地震。地震开始发生于多组断裂交汇、渗透条件良好的地方,并不沿区域主控断层或构造带呈线状分布,而是分布于库体重力场和渗流场影响范围内的结构面密集分布地带。因此,水库区地质构造条件才是诱发地震活动的决定因素,水库水位变化、区域应力场扰动等是影响水库地震的外因。

第6章　发震机制

　　水库地震诱发机理研究表明,水库蓄水将导致库水向下渗透,改变库基岩体的应力状态和介质性质,诱发地震活动,因此,水在水库诱发地震中起着重要作用。由于水的作用,介质将出现微破裂、扩容、塑性硬化及相变等一系列变化,地震波通过地壳介质时,地震波速、波速比等与震源区介质有关的参数均将发生变化。局部流体流动被认为是影响非均匀岩石地震波传播规律的重要机制。对含流体孔隙岩石中地震波传播问题的研究始于20世纪50年代,Gassmann和Biot进行的研究工作奠定了双相介质理论的基础。这一成果被后继的研究者称做Gassmann-Biot理论。Gassmann-Biot理论作为描述孔隙含流体的多孔介质的应力波理论,为研究含流体的多孔介质中的弹性与波传播特征提供了一个基础平台,已被广泛应用于地震勘探、岩土工程、黏土力学、材料工程等多个领域。Gassmann和Biot认为,对于一个饱含流体的多孔介质,可以将其看成是由干燥岩石骨架和流体两部分组成。在进行珊溪水库大坝建设时,电力工业部华东勘测设计院对水库大坝坝址区进行了详细的工程地质勘查,并通过室内岩块静力法和声波法对岩石变形特性进行了测试,获得了珊溪水库震中区 J_3^3 地层中新鲜火山角砾岩、层凝灰岩、英安质晶屑凝灰岩和凝灰质砂岩等四种岩石的弹性模量、密度、泊松比、孔隙度和纵波速度等参数;从该实验数据出发,联合Gassmann-Biot方程和岩石骨架模型得到了珊溪水库震中区岩石基质模量、固结系数等参数。根据珊溪水库地震波速比和P波速度的空间分布特征,对含流体孔隙岩石的孔隙度和饱和度进行计算,结果表明,双溪—焦溪垟断裂中段的岩石孔隙度最大,位于水库南岸一段次之,位于水库北岸一段最小,这与地质调查得到的断裂破碎带胶结程度、垂直

裂隙分布情况基本一致。因此,地震的发生机制应该是这样的:水库于
2000年下闸蓄水后,在张性裂隙发育的塘垄码头附近和具有正断性质
的双溪—焦溪垟断裂 f_{11-2} 分支断层上,库水首先沿着断层及其两侧集
中分布的张性裂隙向深处渗透,引起了岩体中原来固有的孔隙达到了
水饱和状态,增加了断层面的孔隙压力,降低了断层面的摩擦而诱发了
地震活动。一次地震就是一次岩体破裂,或一次原有断裂的重新活动;
小震的发生又进一步形成了新的渗水通道,导致库水渗入较深部位或
者周边其他地方,特别是向破碎带胶结程度较差、孔隙度较大的双溪—
焦溪垟断裂 f_{11-3} 分支断层东南段渗透,加上断裂两侧岩石透水性差,库
水的渗透被局限在顺着 f_{11-3} 分支断层走向的方向上。在水的渗透和地
震活动的相互作用下,该分支断层的地震活动进一步增强,并于2014
年在断层的西北段发生了4.4级震群活动。

6.1　地震P波速度和波速比

6.1.1　资料与数据处理

对于均匀介质,直达P波和S波的走时公式为

$$t_P - o = D / v_P \tag{6.1}$$

$$t_S - o = D / v_S \tag{6.2}$$

式中, t_P 、t_S 分别表示直达P波和S波到时, o 表示发震时刻, D 表示震源距, v_P 、
v_S 分别表示P波和S波传播速度。式(6.2)减去式(6.1)得到

$$t_S - t_P = D \left/ \left(\frac{1}{v_S} - \frac{1}{v_P} \right) \right. \tag{6.3}$$

将式(6.3)与式(6.1)联立,消去 D 后,得到

$$t_P = \frac{1}{\gamma - 1}(t_S - t_P) + o \tag{6.4}$$

式中, $\gamma = v_P / v_S$,为P波和S波速度之比。以 $(t_S - t_P)$ 为横坐标、t_P 为纵坐标给出
的曲线为和达曲线。使用最小二乘法对 $(t_S - t_P)$ 和 t_P 进行线性拟合,则根据直线
的斜率可以得到波速比值(γ)和线性相关系数 R_γ (式(6.5)和(6.6))。根据式

(6.1)，用最小二乘法对 t_P 和 D 进行线性拟合，则根据直线的斜率可以得到 P 波速度（ v_P ）和线性相关系数 R_v （式（6.7）和（6.8））。

$$\gamma = \frac{v_\mathrm{P}}{v_\mathrm{S}} = 1 + \frac{n \sum_{i=1}^{n} \Delta t_i^2 - \left(\sum_{i=1}^{n} \Delta t_i \right)^2}{n \sum_{i=1}^{n} \Delta t_i t_{\mathrm{P}i} - \sum_{i=1}^{n} t_{\mathrm{P}i} \sum_{i=1}^{n} \Delta t_i} \tag{6.5}$$

$$R_\gamma = \frac{\sum_{i=1}^{n} (t_{\mathrm{P}i} - \bar{t}_{\mathrm{P}i})(\Delta t_i - \Delta \bar{t}_i)}{\left[\sum_{i=1}^{n} (t_{\mathrm{P}i} - \bar{t}_{\mathrm{P}i})^2 \sum_{i=1}^{n} (\Delta t_i - \Delta \bar{t}_i)^2 \right]^{1/2}} \tag{6.6}$$

$$v_\mathrm{P} = \frac{n \sum_{i=1}^{n} D_i^2 - \left(\sum_{i=1}^{n} D_i \right)^2}{n \sum_{i=1}^{n} D_i t_{\mathrm{P}i} - \sum_{i=1}^{n} t_{\mathrm{P}i} \sum_{i=1}^{n} D_i} \tag{6.7}$$

$$R_v = \frac{n \sum_{i=1}^{n} D_i t_{\mathrm{P}i} - \sum_{i=1}^{n} t_{\mathrm{P}i} \sum_{i=1}^{n} D_i}{\left\{ \left[n \sum_{i=1}^{n} D_i^2 - \left(\sum_{i=1}^{n} D_i \right)^2 \right] \left[n \sum_{i=1}^{n} t_{\mathrm{P}i}^2 - \left(\sum_{i=1}^{n} t_{\mathrm{P}i} \right)^2 \right] \right\}^{1/2}} \tag{6.8}$$

式中，$t_{\mathrm{P}i}$、$t_{\mathrm{S}i}$、D_i 分别表示第 i 个台站的 P 波走时、S 波走时和震源距，$\Delta t_i = t_{\mathrm{S}i} - t_{\mathrm{P}i}$，$n$ 为每次地震到时数据个数（冯德益，1981）。

　　利用浙江、福建区域台网资料和珊溪水库地震台网资料进行计算。计算的关键是震相判读的精度和可靠性。影响波速或波速比计算精度的主要因素有：直达 P 波和 S 波的到时判读精度、参与拟合的台站个数、地震定位精度等。地震震相的判读精度将直接反映在相关系数和计算误差中；如果震相的判读精度较低，则将导致波速比计算误差过大，淹没波速或波速比的异常信息。计算中使用第 5 章得到的重新定位后的震中位置和发震时刻数据；重新定位后的发震时刻和震源位置精度均有所提高，震中位置也变得更加集中，可以提高波速或波速比的计算精度和稳定性。由于不同时期震中区的台站分布有很大的差异，因此计算中既要考虑参与拟合的台站个数，又要考虑台站的震中距范围。一方面，为了满足多台和达法对计算数据的要求，并考虑台站的空间分布和异常信息的识别需要，选择直达 P、S 波到时差 $\Delta t \leqslant 20$ s 的台站数据参与计算（国家地震局预测预防司，1997）；另一方面，由于 2008 年以后震中区 20 km 范围内增至 8 个台站，为了避免只使用直达 P、S 波到时差 Δt 很相近的数据进行拟合而导致结果的不稳定,因此,2007 年以前的地震选择 4 个以上台站数据进行计算,2008 年以后的地震则选择 9 个以上台站的数据进行拟合。选取数据拟合相关系数 $R \geqslant 0.99$ 的计算结果,得到 2871 次地震 P 波速度和波速比。波速比分布范围为 1.5750～1.7934,平均值为 1.6917,其中,分布在 1.68～1.71 的波速比有 2642 次,占总数的 92.0%(图 6.1)。P 波速度分布范围为 5.64～6.93 km/s,平均值为 6.1 km/s,其中,分布在 5.9～6.2 km/s 的波速有 2358 次,占总数的 82.1%(图 6.2)。

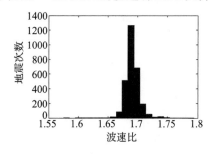

图 6.1　珊溪水库地震波速比分布　　图 6.2　珊溪水库地震 P 波速度分布

6.1.2　波速比时空分布特征

由 3.2.2 节分析表明,地震序列可以划分成五丛地震活动(表 3.2),每丛地震开始阶段地震密集发生,地震间的时间间隔短、频度高、震中位置集中,后期阶段地震间的时间间隔逐渐增长、频度逐渐降低、震中开始向周边扩散,每两丛地震间地震频度则更低、震中位置也更加分散。波速比的变化与地震的阶段性分布特征有一定的关系。开始阶段波速比呈现出较大的起伏波动,后期阶段逐渐趋于平稳并开始降低,每丛地震发生前则有一个上升的变化过程。例如 2006 年 2 月 4 日开始的一丛地震,地震之前波速比从 2005 年 8 月 27 日 2.1 级地震的 1.6729 回升至 2006 年 2 月 4 日 3.5 级地震的 1.7191,增大了 2.8%;2006 年 2 月至 7 月间波速比最大值为 1.7418、最小值为 1.6576,波动幅度达 5.1%;2006 年 7 月底开始波速比趋于平稳并开始趋势性降低,7 月 14 日发生的 1.8 级地震波速比为 1.7236,至 2007 年 3 月 8 日发生的 1.5 级地震波速比为 1.6596,降低了 3.9%。2002 年、2005 年、2010 年和 2014 年的四丛地震也均有此现象。五丛地震及其前后波速比变化情况归纳于表 6.1 中。因此,可以将珊溪水库地震序列的波速比变化归纳为"下降—低值异常—回升—发生一丛地震"的重复变化(图 6.3)。

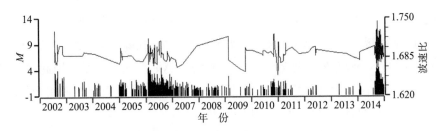

图6.3　珊溪水库地震成丛活动与波速比随时间变化

表6.1　珊溪水库地震成丛活动与波速比变化

序列划分	地震丛起止时间	波速比变化		
		每丛地震之前	每丛地震密集活动时段	每丛地震衰减阶段
1	2002-07—2002-09		起伏波动,波动幅度6.6%	降低,降幅4.7%
2	2005-01—2005-03	回升,升幅3.4%	起伏波动,波动幅度3.2%	降低,降幅1.7%
3	2006-02—2006-11	回升,升幅2.8%	起伏波动,波动幅度5.1%	降低,降幅3.9%
4	2010-10—2010-11	回升,升幅6.1%	起伏下降,降幅8.4%	上升,升幅1.9%
5	2014-08—2015-03	回升,升幅2.4%	起伏波动,波动幅度10.4%	

　　国外学者提出了解释波速异常的主要模式有"扩容—流体扩散或扩容—进水"模式(简称DD模式)和"裂隙串通或裂隙不稳定"模式(简称IPE模式)。两个模式最大的不同在于是否存在孔隙流体作用。DD模式认为岩石在应力作用下微裂隙张开、继而充满水,地震发生在应力接近峰值的时候;IPE模式则认为岩石在应力作用下微裂隙的数量和大小缓慢增加,并逐步串通成主断层,同时外围裂隙闭合,地震发生在低于震前最大应力的时候。不论是DD模式还是IPE模式,都认为波速比变化的主要原因是地壳介质的裂隙及其分布在构造应力的作用下发生了变化,从而导致了介质的物理性状产生一系列变化,即波速比变化实际上是地壳介质物性变化的反映。因此,一次地震就是一次岩体破裂或一次原有断裂的重新活动。小震的发生形成了良好的渗水通道,导致库水渗入较深部位或者周边其他地方,引发后续地震。每一组地震的开始阶段由于地震密集发生,岩体破裂后,水的渗透速率未能使岩石达到水饱和状态,岩体主要表现为孔隙度增加、饱和度减小,从而导致波速比下降;后一阶段由于地震间的时间间隔

增加,水在岩体中的渗透更加充分,岩石的水饱和度逐渐增加,最终处于饱和状态,波速比也缓慢回升。随着岩石的水饱和度增加,孔隙压力增大,断层面的有效剪应力减小,断层滑动的危险性增加,新的一丛地震又将开始。因此,每一丛地震的开始阶段波速比较大,随后逐渐减小。孔隙流体是引起波速比变化的主要原因,符合DD模式对波速比变化的解释。

把2002—2014年共计2871次地震的波速比按照0.01°×0.01°网格化,绘出波速比的空间分布如图6.4所示。图6.4表明,沿着双溪—焦溪垟断裂波速比分布不均匀,断裂中段的波速比最高,西北段次之,东南段最低。为了进一步考察波速比在深度方向上的分布,在双溪—焦溪垟断裂上选取点A(27.73°N,119.92°E)和点B(27.65°N,120.03°E),将AB两侧各5km的波速比投影到AB剖面上,并按照1km×1km进行网格化,绘出波速比在AB垂直剖面上的分布如图6.5所示。图6.5表明,波速比在深度方向上的分布也具有分段性,靠近B端一段较为均匀,靠近A端一段次之,中间一段最不均匀,中间一段波速比总体上比西北段和东南段都要高,背景上存在一些更高值的分布区,是沿发震断裂分布最不均匀的区域。

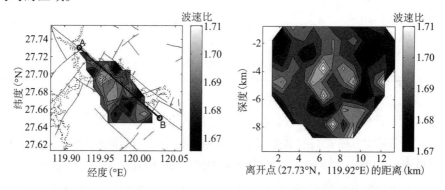

图6.4 波速比空间分布　　　图6.5 波速比在发震断层垂直剖面上的分布

综上所述,珊溪水库地震波速比的时空分布具有如下特征:①85%以上的地震波速比集中分布在1.68～1.70,波速比平均值为1.6917。②地震序列包含有多组地震活动,每组地震开始阶段波速比呈现出较大的起伏波动,后期阶段逐渐趋于平稳并开始降低,每组地震发生前则有一个上升的变化过程,时间上的变化特征可以归纳为“下降—回升—发生一组地震”。③沿着双溪—焦溪垟断裂方向和沿着震源深度方向,波速比分布都不均匀。沿断裂方向波速比表现为中段最高,西北段次之,东南段最低。在深度方向上波速比则表现为断裂东南段较为均匀,西北段次之,中间一段最不均匀。

6.1.3 P波速度时空分布特征

2008年以前P波速度明显低于2009年以后,2002—2008年P波速度平均值为5.97 km/s,2009—2014年为6.11 km/s,这可能主要是由于震中位置发生了迁移,后面还要进行深入分析。

2002年、2005年和2006年三丛地震及其前后P波速度的变化特征与波速比类似(图6.6),即每丛地震开始阶段P波速度呈现出较大的起伏波动,后期阶段逐渐趋于平稳并开始降低,每丛地震发生前则有一个上升的变化过程。如2002年7月28日首次发生地震后,P波速度出现较大的起伏波动,波动幅度11.7%,直到9月5日后P波速度才开始比较平稳并呈趋势性下降,至2005年1月P波速度降为极小值5.84 km/s,下降幅度为5.1%。需要特别指出的是2010年一丛地震,该丛地震密集发生时段和衰减阶段P波速度均呈现为增大的变化,与其他几丛地震在衰减阶段表现为逐渐减小有所不同(表6.2)。

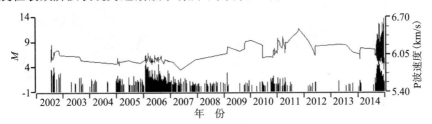

图6.6 珊溪水库地震成丛活动与P波速度随时间变化

表6.2 珊溪水库地震成丛活动与P波速度变化

序列划分	地震丛起止时间	P波速度变化		
		每丛地震之前	每丛地震密集活动时段	每丛地震衰减阶段
1	2002-07—2002-09		起伏波动,波动幅度11.7%	降低,降幅5.1%
2	2005-01—2005-03	回升,升幅3.2%	起伏波动,波动幅度3.6%	降低,降幅2.7%
3	2006-02—2006-11	回升,升幅4.0%	起伏波动,波动幅度5.4%	降低,降幅5.7%
4	2010-10—2010-11	回升,升幅10.6%	起伏上升,上升幅度4.1%	上升,升幅4.8%
5	2014-08—2015-03	回升,升幅9.8%	起伏波动,波动幅度18.2%	

将P波速度按照0.01°×0.01°网格化,绘出P波速度的空间分布如图6.7所示。图6.7表明,沿着双溪—焦溪垟断裂P波速度分布不均匀,断裂西北段P波速度最高,东南段最低,中段则最不均匀。为了进一步考察P波速度在深度方向上的分布,在双溪—焦溪垟断裂上选取点A(27.73°N, 119.92°E)和点B(27.65°N, 120.03°E),将AB两侧各5 km的P波速度投影到AB剖面上,并按照1 km×1 km进行网格化,绘出P波速度在AB垂直剖面上的分布如图6.8所示。图6.8表明,P波速度在深度方向上的分布也具有分段性,靠近A端一段P波速度浅部小、深部大,靠近B端一段则是浅部大、深部小。中间一段最不均匀,沿深度方向上P波速度高低相间分布,在小于2 km的极浅部P波速度最大,大于7 km的深部最小,并且深部P波速度与东南段深部基本相等。

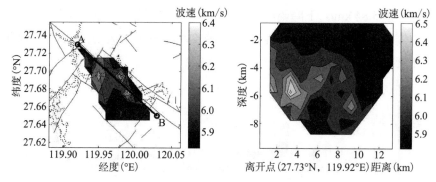

图6.7 珊溪水库P波速度空间分布   图6.8 珊溪水库P波速度在发震断层垂直剖面上的分布

6.2 含流体孔隙岩石中地震波传播理论

地震波在岩石中的传播除了由反射、透射、折射、扩散等传播路径造成的能量损失外,还包括散射衰减和本征衰减。这两种衰减都与岩石内部的非均匀性密切相关,而在地震波长远大于岩石内部的非均质尺寸的情况下,地震波的散射衰减几乎可以忽略,岩石的本征衰减则成为主要因素。研究表明本征衰减与岩石孔隙中的流体紧密相关(巴晶,2013)。实验室在完全干燥岩样中测得的波衰减远低于含液体(例如水)的情况,即孔隙流体在波激励下发生的局部震荡导致了弹性波能量的大量损失。诱发流体局部流动的非均质性可能来自岩石内部孔隙结构的非均匀性,也可能来自岩石内部非饱和流体分布的非均匀性。局部流体流动被认为是影响非均匀岩石地震波传播规律的重要机制。对含流体孔隙岩石(即流 – 固双相介质)中地震波传播问题的研究始于 20 世纪 50 年代，Gassmann(1951)与 Biot(1956)进行的研究工作奠定了双相介质理论的基础。在 1956—1962 年间完善起来的 Biot 理论，其零频极限与 Gassmann 方程等效，这一成果被后继的研究者称作 Gassmann-Biot 理论。自形成以来，Gassmann-Biot 理论作为描述孔隙含流体的多孔介质的应力波理论，为研究含流体的多孔介质中的弹性波传播特征提供了一个基础平台，已被广泛应用于地震勘探、岩土工程、黏土力学、材料工程等多个领域。

6.2.1　Gassmann–Biot 方程

Biot(1941)和 Gassmann(1951)认为，地下岩石是一个饱含流体的多孔介质。对于一个饱含流体的多孔介质，可以将其看成是由干燥岩石骨架和流体两部分组成，并且假设岩石骨架在宏观上是均匀的，孔隙中含有两种以上不相混溶的流体。图 6.9 为一理想的饱含流体的多孔介质模型。

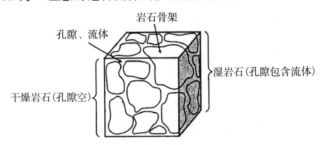

图 6.9　Gassmann–Bio 多孔介质模型

在地震波挤压含两相流体(如，水和气)岩石的过程中，若假设地震波的频率足够低，即在压力的周期性变化过程中，两相流量之间有足够的时间进行压力均衡，使两相流体始终保持压力平衡的最松弛状态，由于水、气的剪切模量一般可以近似忽略，因此水、气混合物作为一个整体可以用一个等效流体进行替换，并且等效流体的等效体积模量与两种流体的体积模量之间服从 Wood 定律(Wood，1941)。

$$K_f = \left(\frac{S_1}{K_{f1}} + \frac{S_2}{K_{f2}} \right)^{-1} \tag{6.9}$$

式中，K_f 表示混合流体的等效体积模量，K_{f1} 与 K_{f2} 分别表示两种流体的体积模量，S_1 与 S_2 分别表示两种流体的饱和度，且有 $S_1 + S_2 = 1$，即两种流体饱和度之和为1。

在不同的假设条件下,不同学者提出了不同的岩石物理理论模型。Gassmann假设(Gassmann,1951):①岩石(固体和骨架)宏观上是均匀的;②所有孔隙都是连通的;③所有孔隙都充满流体;④研究中的岩石 – 流体系统是封闭的;⑤孔隙流体不对固体骨架产生软化或硬化作用。基于这些假设条件,Gassmann导出了流体饱和多孔介质弹性模量与岩石骨架模量、孔隙及流体模量之间的关系,其数学表达式为:

$$\frac{K_e}{K_e - K_s} = \frac{K_b}{K_b - K_s} + \frac{K_f}{\phi(K_f - K_s)} \tag{6.10}$$

$$\mu_e = \mu_b \tag{6.11}$$

式中,K_f、K_s、K_b、K_e分别为孔隙有效流体、基质矿物(颗粒)、干岩石骨架及流体饱和介质的体积模量,ϕ为孔隙度,μ_e、μ_b分别为饱和介质和干岩石骨架的剪切模量。弹性模量、传播速度、密度之间存在如下关系:

$$v_P^2 = \frac{1}{\rho}\left[K_e + \frac{4}{3}\mu_e\right] \tag{6.12}$$

$$v_S^2 = \frac{\mu_e}{\rho} \tag{6.13}$$

$$\rho = (1 - \phi)\rho_s + \phi\rho_f \tag{6.14}$$

$$\rho_f = s_w \rho_w + (1 - s_w)\rho_g \tag{6.15}$$

式中,ρ为岩石的等效密度,ρ_s为岩石基质密度,ρ_f为孔隙流体密度,ρ_w为地层水的密度,ρ_g为气体密度,s_w为含水饱和度,v_P为纵波速度,v_S为横波速度。将式(6.10)和(6.11)代入式(6.12)和(6.13),可以得到求取含流体岩石的纵波速度、横波速度以及波速比γ的表达式:

$$v_P^2 = \frac{1}{\rho}\left[k_b + \frac{4}{3}\mu_b + \frac{\left(1 - \frac{k_b}{k_s}\right)^2}{\frac{\phi}{k_f} + \frac{1 - \phi}{k_s} - \frac{k_b}{k_s^2}}\right] \tag{6.16}$$

$$v_S^2 = \frac{\mu_b}{\rho}$$

$$\gamma = \frac{v_P}{v_S} = sqrt\left(\frac{1}{\mu_b}\left[k_b + \frac{4}{3}\mu_b + \frac{\left(1 - \frac{k_b}{k_s}\right)^2}{\frac{\phi}{k_f} + \frac{1 - \phi}{k_s} - \frac{k_b}{k_s^2}}\right]\right) \tag{6.17}$$

如果已知岩石基质体积模量、干岩石骨架体积模量和岩石孔隙度,则可以根据式(6.10)求得岩石的有效体积模量。如果已知岩石所含流体的体积模量、相应流体的饱和度和密度,则可以根据式(6.9)和(6.15)求得混合流体的等效体积模量和密度,再由式(6.16)和(6.17)求得含流体孔隙岩石地震波传播速度。岩石基质体积模量与组成岩石各矿物组分的体积模量有关,通过式(6.10)求得的是含两相流体岩石的体积模量下限,简称BGW(Biot-Gassmann-Wood)下限。BGW体积模量建立在岩石内两相流体极度松弛的前提下,此时岩石呈现最"软"的状况,相应的地震波传播速度最低,因此,由BGW体积模量计算出的地震波速度被认为是含流体孔隙岩石地震波速度的下限。

6.2.2 等效介质理论与岩石基质模量

地球的岩石一般是由各类矿物与岩石颗粒组成的复合介质,各种矿物成分或岩石颗粒一般具有不同的力学与弹性特征。如果忽略流体的影响,从材料力学角度看,岩石是一种固体复合材料。在地震波长远大于岩石矿物颗粒尺寸的情况下,各类矿物颗粒在地震波的影响下表现出的是一种整体的等效弹性特征。将不同的矿物颗粒与孔隙空间组成的岩石当成一个整体的等效介质看待,进而研究岩石整体的等效弹性特征与力学性质,此即等效介质理论。

等效介质理论是20世纪50年代前后基于数学与力学发展起来的理论与方法,旨在描述复合材料的整体弹性、力学变形特征与各固体组分的弹性特征、力学性质、体积比例、几何形态、分布状况、胶结固结情况之间的定量联系。岩石物理学中的等效介质理论主要包括边界法、自洽理论以及散射波理论等,本节仅介绍边界法,旨在求取岩石基质的弹性模量。

边界法一般被用于计算混合物材料物理性质的上、下限,常用的边界法包括Voigt-Reuss边界与Hashin-Shtrikman边界(巴晶,2013)。边界法一般只要求复合物各构成组分的体积含量与弹性模量,忽略了各组分之间的组合、结构与接触关系。假设各组分是各向同性、线性、弹性的,则Voigt(1928)提出由n种矿物组成的岩石的等效弹性模量的上限(常称Voigt边界)M_V为

$$M_V = \sum M_i R_i \tag{6.18}$$

由于Voigt模型假设各组分的应变相等,所以它是等应变模型,实际中存在的各向同性混合物永远都达不到Voigt上限的刚度(除了单相的纯矿物)。

相对Voigt等应变模型,Reuss(1929)假设各组分的应力相等的条件下,提出n个组分的岩石的等效弹性模量的下限(常称Reuss边界)M_R为

$$\frac{1}{M_R} = \sum \frac{R_i}{M_i} \tag{6.19}$$

式(6.18)和(6.19)中，R_i 和 M_i 分别为第 i 种组分的体积比率与弹性模量。Hill 对 Voigt 和 Reuss 的上下边界进行算术平均，得到的算术平均值称为 Voigt-Reuss-Hill 平均值：

$$M = \frac{1}{2}(M_V + M_R) \tag{6.20}$$

Kumazawa 对等效弹性模量上限（Voigt 边界）、下限（Reuss 边界）进行几何平均，得到

$$M = (M_V M_R)^{1/2} \tag{6.21}$$

当提供矿物分析数据时，可以用 Voigt-Reuss-Hill 模型来估计由不同矿物组成的岩石骨架模量，估计的骨架模量大多用于 Gassmann 计算。

显然，Voigt 边界是各组分物理参数的算术平均值，而 Reuss 边界是各组分物理参数的调和平均值，前者始终大于等于后者。Voigt-Reuss 边界不仅适用于岩石弹性参数的计算，也可用于其他物理性质参数的估计，如电性参数、渗透率等。

Hashin-Shtrikman 边界（Hashin & Shtrikman，1963）是基于变分原理导出的，可以表示为

$$K^{\pm} = K_1 + \frac{R_2}{(K_2 - K_1)^{-1} + R_1\left(K_1 + \frac{4}{3}\mu_1\right)^{-1}} \tag{6.22}$$

$$\mu^{\pm} = \mu_1 + \frac{R_2}{(\mu_2 - \mu_1)^{-1} + \dfrac{2R_1(K_1 + 2\mu_1)}{5\mu_1\left(K_1 + \dfrac{4}{3}\mu_1\right)}} \tag{6.23}$$

式中，K_1、K_2 表示两种组分的体积模量，μ_1、μ_2 表示两种组分的剪切模量，R_1、R_2 表示两种组分的体积率。Hashin-Shtrikman 边界通过分析软基质包裹硬基质、硬基质包裹软基质两种极限情况，分别计算弹性模量的上、下限。通过替换式(6.22)和(6.23)中等号右边各变量的下标 1 和 2，可以得到上、下边界。Hashin-Shtrikman 边界可用于计算固体混合物的弹性参数，即计算出含多种矿物组分的岩石基质弹性参数。若其中一种组分为流体，则可计算含矿物和流体的混合物的弹性参数上、下限。但该结果为静力学分析方法估算结果，忽略了流体的流动性、黏性与耗散。对 Hashin-Shtrikman 边界求算术平均得到的估算值称为 Hashin-Shtrikman-Hill 平均值。

6.2.3 岩石骨架模型

Gassmann-Biot方程通常用来研究饱和流体对岩石地震特征的影响以及描述地震响应与岩石物性之间的关系。Gassmann-Biot方程表明流体饱和岩石的体积模量可以用岩石骨架体积模量、组成岩石基质的体积模量、孔隙流体的体积模量和岩石孔隙度共同决定,并且岩石剪切模量不受孔隙流体饱和状态的影响。岩石骨架体积模量和剪切模量是Gassmann-Biot方程中非常重要的参数,通常可以在实验室直接测定或利用各种理论或经验公式计算得到。然而Gassmann-Biot理论并没有阐述岩石骨架与岩石基质之间的关系,因此出现了各种各样的岩石骨架模型,如Krief模型、Nur模型(临界孔隙度模型)和Pride模型等,它们分别从不同的角度建立了岩石骨架与岩石基质之间的函数关系。

(1) Krief模型

Krief et al.(1990)利用Raymer等坚硬地层岩石数据,得到了如下的关于岩石骨架与基质的体积模量和剪切模量的关系:

$$K_b = K_s(1-\phi)^{m(\phi)} \tag{6.24}$$

$$\mu_b = \mu_s(1-\phi)^{m(\phi)} \tag{6.25}$$

其中,

$$m(\phi) = \frac{3}{1-\phi} \tag{6.26}$$

(2) Nur模型

Nur(1992)提出了临界孔隙度的概念。对于大多数岩石,都有一个临界孔隙度,利用临界孔隙度可以把岩石的力学行为和声学行为区分为承载域和悬浮域两个域。在承载域,孔隙度 $\phi < \phi_c$,组成矿物相互接触,传递大部分作用应力;在悬浮域,孔隙度 $\phi > \phi_c$,组成矿物基本相互分离,主要通过流体传递作用应力。Nur等通过临界孔隙度建立了岩石骨架与基质体积模量、剪切模量之间的关系:

$$K_b = K_s\left(1 - \frac{\phi}{\phi_c}\right) \tag{6.27}$$

$$\mu_b = \mu_s\left(1 - \frac{\phi}{\phi_c}\right) \tag{6.28}$$

式中,ϕ_c 是临界孔隙度。对于砂岩,临界孔隙度 $\phi_c \approx 0.40$。

（3）Pride 模型

Pride et al.(2004)将固结岩石的体积模量和剪切模量用如下关系式表示

$$K_b = \frac{K_s(1-\phi)}{(1+c\phi)} \tag{6.29}$$

$$\mu_b = \frac{\mu_s(1-\phi)}{(1+1.5c\phi)} \tag{6.30}$$

式中，c 是固结系数，表示岩石的固结程度。对于砂岩，通常取 $2 < c < 20$。等效介质理论指出，固结系数 c 不仅与孔隙的形状有关，还与基质的体积模量和剪切模量比 K_s/μ_s 有关。Lee(2006)对 Pride 等提出的剪切模量计算公式做了如下的修改：

$$\mu_b = \frac{\mu_s(1-\phi)}{(1+\gamma c\phi)} \tag{6.31}$$

其中，

$$\gamma = \frac{1+2c}{1+c} \tag{6.32}$$

当 $c=1$，$\gamma=1.5$ 时，式(6.31)就等于式(6.30)；当 $c=2$ 时，$\gamma=3$；……随着 c 增大，γ 逐渐接近 2。因此，式(6.32)包括了 Pride 等建议的所有可能值(Lee, 2006)。

以石英为例，分别使用上述三种岩石骨架模型计算和讨论石英骨架体积模量随孔隙度的变化关系。计算时，Pride 模型中岩石固结系数取值 $c=5$，Nur 模型中临界孔隙度取值 $\phi_c=0.40$。查矿物弹性模量表可知，石英基质体积模量 $K_s=38\,\mathrm{GPa}$、剪切模量 $\mu_s=44.4\,\mathrm{GPa}$、密度 $\rho_s=2.65\,\mathrm{g/cm^3}$。计算结果如图 6.10。结果表明，三种模型均呈现出石英骨架体积模量随孔隙度增大而减小的变化趋势，但变化的斜率存在差异。Nur 模型中岩石骨架体积模量与孔隙度呈线性关系，直线的斜率与临界孔隙度有关。Krief 模型和 Pride 模型的斜率与孔隙度有关，孔隙度小时斜率大，随着孔隙度增大，斜率逐渐减小。因此，岩石孔隙度较小时，Nur 模型得到的骨架体积模量最大，Krief 模型次之，Pride 模型最小。岩石孔隙度较大时，则正好相反。Pride 模型中岩石骨架体积模量除了与孔隙度有关外，还与岩石的固结系数有关。固结系数反映了岩石的固结程度，不同沉积环境、不同岩性岩石的固结系数是不同的。图 6.11 给出了 Pride 模型在不同固结系数情况下的岩石骨架体积模量与孔隙度的变化曲线。当固结系数取不同值时，曲线的形态有差异，这样就可以通过选取恰当的固结系数，使岩石骨架体积模量的理论值更加接近实验结果。因此,Pride模型的适用范围比Krief模型和Nur模型更广(张佳佳等,2010)。

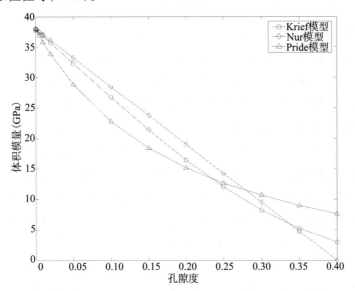

图6.10 三种岩石骨架模型中石英骨架体积模量与孔隙度的关系

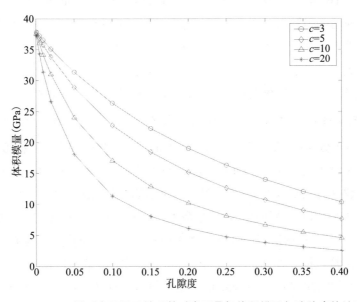

图6.11 Pride模型中不同固结系数时岩石骨架体积模量与孔隙度的关系

(4) Biot孔隙弹性系数

Biot孔隙弹性系数是描述岩石等多孔介质的一个非常重要的特性参数,Biot

系数由下式给出

$$B = 1 - \frac{K_b}{K_s} \qquad (6.33)$$

式中，B 为Biot孔隙弹性系数，K_s、K_b 含义同前。

　　Biot孔隙弹性系数反映了岩石孔隙的弹性变形能力，与岩石的矿物组成、岩石内部结构（如颗粒大小、形状、排列方式）有关系。从组成结构来看，岩石可分为颗粒岩与结晶岩。颗粒岩在受力下将存在颗粒的滑动（或错动）、变形及孔隙的压缩变形，结晶岩则不存在颗粒的滑动（或错动），只存在孔隙的压缩变形。若胶结致密的结晶岩，则不存在孔隙变形。以两种理想的极端情况看，胶结致密的结晶岩Biot系数为0，达到漂浮岩状态的颗粒岩Biot系数为1，因此，岩石的Biot系数的取值范围从0（良好胶结）到1（未胶结或悬浮体）。在地震波传播过程中，Biot系数实际反映的是孔隙空间对岩石整体性质的贡献。B 越大，对应的岩石孔隙度大，渗透性能好，可压缩性大，孔隙介质岩石骨架越"软"；反之，B 越小，对应的岩石孔隙度小，渗透性差，可压缩性小，孔隙介质岩石骨架越"硬"。因此，受成岩作用的影响，胶结物增加，岩石刚度增强，Biot系数呈减小趋势。

　　综合式（6.24）、（6.27）、（6.29）和（6.33），可以得到Krief模型、Nur模型和Pride模型的Biot孔隙弹性系数与孔隙度关系曲线（图6.12），其中Pride模型中的固结系数取 $c=5$。为了进一步分析理论模型的适用性，需要将理论模型计算结果与实验数据相比较。张守伟等（2010）根据济阳坳陷28组砂岩岩芯实验数据拟合得到砂岩Biot系数与孔隙度 ϕ、临界孔隙度 ϕ_c 之间的拟合关系式：$B = 1.1015(\phi/\phi_c)^{0.5396}$，相关系数为0.909。图6.12同时给出了Krief模型等三种理论模型Biot系数曲线，以及张守伟等（2010）的济阳坳陷砂岩实验数据拟合的Biot系数。图6.12中实验结果与理论模型有较大差异。由于Krief模型和Nur模型中Biot系数仅与孔隙度有关，理论结果与实验数据不相符可能是由于理论模型过于简单所至。Pride模型中，Biot系数不仅与孔隙度有关，还与岩石的固结系数有关，可以通过选取恰当的固结系数来调整Biot系数与孔隙度的关系，使理论结果逼近实验数据。在Pride模型中，当固结系数 c 取某一数值时，就可以得到一条Biot系数曲线；当固结系数 c 取一组数值时，就可以得到一组Biot系数曲线（图6.13）。如果有某一区域的实测数据，可以将实测数据与Pride模型Biot系数曲线族绘在一起，通过考察实测数据与曲线的吻合程度，得到Pride模型的固结系数，从而确定岩石骨架模型。图6.13表明，济阳坳陷部分砂岩岩芯实验数据拟合得到的Biot系数与 $c=10$ 时Pride模型计算得到的Biot系数吻合得很好，特别是孔隙度在5%～20%范围内时,理论结果与实验数据非常接近。因此,如果已知济阳坳陷砂岩基质体积模量,就可以通过式(6.29)计算得到砂岩骨架体积模量。

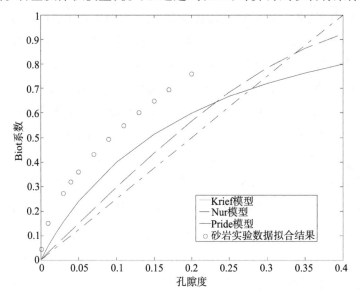

图6.12 根据砂岩实验数据拟合的Biot系数与三种模型计算的Biot系数

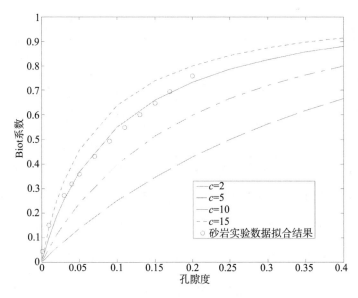

图6.13 Pride模型中不同固结系数计算的Biot系数与根据砂岩实验数据拟合的Biot系数

6.2.4　含流体孔隙岩石中地震波传播速度

以砂岩为例,将Krief模型、Nur模型和Pride模型应用于Gassmann-Biot方程分别计算含饱和流体砂岩中的地震波速度。计算中选用张守伟等(2010)在济阳坳陷获得的部分岩芯的孔隙度、渗透率、矿物组成(表6.3)。各基质矿物弹性模量如表6.4。根据式(6.18)、(6.19)和(6.20)可以求得各岩芯样本的等效弹性模量的上限(Voigt边界)、下限(Reuss边界)和Voigt-Reuss-Hill平均值(表6.5)。以表6.3中3~42号砂岩为例进行计算,取Voigt-Reuss-Hill平均值为岩石基质弹性模量。由表6.5可知,3~42号砂岩基质体积模量 $K_s = 61.78$ GPa、剪切模量 $\mu_s = 30.45$ GPa、密度 $\rho_s = 2.58$ kg/m³。假设岩石含有水、气两相流体,并取水的体积模量 $K_w = 2.25$ GPa、密度 $\rho_w = 1.04$ kg/m³,气体的体积模量 $K_g = 0.001$ GPa、密度 $\rho_g = 0.01$ kg/m³。综合式(6.24)、(6.27)、(6.29)和(6.16),分别求出Krief模型、Nur模型和Pride模型这三种理论模型纵波速度随饱和度的变化曲线(图6.14)。计算时假设孔隙度为0.1,Pride模型的岩石固结系数 $c = 10$。按照相同的假设条件,同时求出三种理论模型横波速度和波速比随饱和度变化曲线(图6.15和图6.16)。

表6.3　济阳坳陷部分岩样孔隙度、渗透率及矿物组成(张守伟等,2010)

岩芯编号	岩性	孔隙度(%)	渗透率(×10⁻³μm³)	矿物组成(%)										
				石英	钾长石	斜长石	方解石	白云石	铁白云石	石盐	硬石膏	菱铁矿	黄铁矿	黏土矿物
2~61	砂岩	1.57	0.81	23	19	19	38	2	0	0	2	0	0	11
3~42	砂岩	1.24	1.07	23	6	6	43	11	0	0	2	0	0	3
4~51	砂岩	22.31	29.73	19	21	21	45	1	0	3	2	5	0	4
2~51	含砾砂岩	6.79	19.12	31	15	15	42	1	4	0	1	0	1	1
6~51	砾岩	2.24	0.90	22	26	26	36	3	2	0	2	1	3	3

表6.4 基质矿物弹性模量

弹性模量（GPa）	石英	钾长石	斜长石	方解石	白云石	铁白云石	石盐	硬石膏	菱铁矿	黄铁矿	黏土矿物
K_s	38.0	45.82	75.6	77.0	95	95	25.2	67.1	124	138.6	23
μ_s	44.4	27.77	25.6	29.3	45	45	15.3	29.1	51	109.8	8

表6.5 各岩芯样本岩石基质弹性模量

岩芯编号	岩性	Voigt边界		Reuss边界		Voigt-Reuss-Hill平均值	
		μ_s（GPa）	K_s（GPa）	μ_s（GPa）	K_s（GPa）	μ_s（GPa）	K_s（GPa）
2~61	砂岩	29.51	56.34	23.2	47.41	26.36	51.87
3~42	砂岩	32.33	65.90	28.57	57.66	30.45	61.78
4~51	砂岩	29.99	60.85	26.05	51.82	28.02	56.34
2~51	含砾砂岩	34.04	61.06	30.68	53.72	32.36	57.39
6~51	砾岩	33.51	61.03	28.41	52.81	30.96	56.92

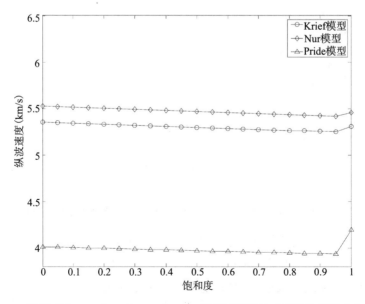

图6.14 孔隙度为0.1时Krief、Nur、Pride三种模型纵波速度随饱和度的变化曲线

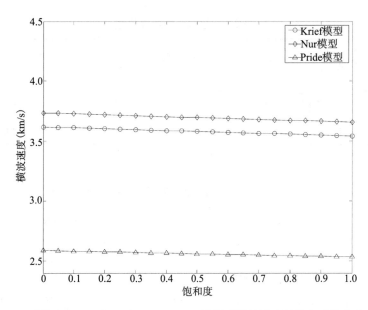

图6.15 孔隙度为0.1时Krief、Nur、Pride三种模型横波速度随饱和度的变化曲线

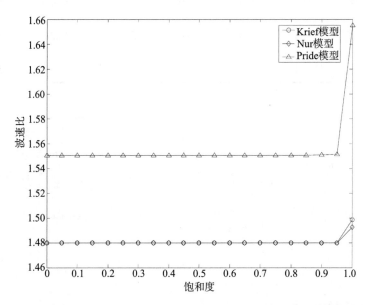

图6.16 孔隙度为0.1时Krief、Nur、Pride三种模型波速比随饱和度的变化曲线

图6.14、图6.15和图6.16表明,当孔隙度一定时,三种模型中3～42号砂岩横波速度、纵波速度、波速比随饱和度的变化趋势非常相似。横波速度随饱和度的增大而单调地缓慢减小,纵波速度和波速比则分成两个阶段。在岩石的水饱和度较小时,随着饱和度的增大,波速比基本保持不变,纵波速度则缓慢减小;当

岩石接近水饱和时,随着饱和度的增大,波速比和纵波速度均迅速增大。但是,三种模型又有明显的差别。Pride模型中岩石饱和度等于100%时的P波速度比干燥时要大,Krief模型和Nur模型中则正好相反。大多数岩石力学实验结果表明,饱和砂岩的纵波速度值大于干燥砂岩的数值。例如,施行觉等(1995)利用砂岩进行的实验表明,当饱和度小于某值时,纵波速度不变;当饱和度大于某值时,波速值随饱和度的上升而增加,变化幅度可达30%左右。史謌和沈联蒂(1993)的实验也得到类似的结果,即当岩石样品在低饱和度时,波速呈明显的下降;当样品在高饱和度时,波速随着饱和度的增加有明显的上升。因此,Pride模型的计算结果比Krief模型和Nur模型更相符岩石力学实验结果;特别是,Pride模型中岩石骨架模量依赖于孔隙度和固结系数,计算时可以通过改变岩石的固结系数,使得Pride模型结果与实验结果吻合得很好。

6.2.5 用地震资料估算岩层孔隙度和饱和度

地震资料能够提供纵波速度、横波速度、波速比等信息。Gassmann-Biot方程包括了岩石骨架、孔隙流体对地震波传播的影响,将地震波速度、波速比与岩石孔隙度、饱和度联系了起来,因此,利用纵波速度、波速比就可以求解出孔隙度和饱和度。如6.2.3节和6.2.4节所述,Pride模型比Krief模型和Nur模型更符合实验结果,因此,本节中岩石骨架模型选用Pride模型。计算时仍以济阳坳陷砂岩为例,并假设砂岩孔隙内包含水与气两种流体,砂岩基质体积模量、剪切模量、岩石固结系数等各参数取值与6.2.4节相同。综合式(6.14)、(6.16)、(6.29)和(6.30)计算纵波速度,计算结果如图6.17和图6.18所示。结果表明,如果饱和度一定,则孔隙度越大,纵波速度越小,并且纵波速度对孔隙度变化的敏感性与孔隙度有关;当孔隙度较小时,纵波速度对孔隙度的变化更敏感。如果孔隙度一定,则纵波速度随饱和度的变化在变化趋势和变化速率上均与岩石的饱水状态有关。从变化趋势看,纵波速度随饱和度的变化呈现出先缓慢减小,而后迅速增大的变化;从变化速率看,岩石接近饱和时,变化速率大。这反映了纵波速度对饱和度变化的敏感性与饱和度有关,岩石在接近饱和时纵波速度对饱和度的变化更敏感。

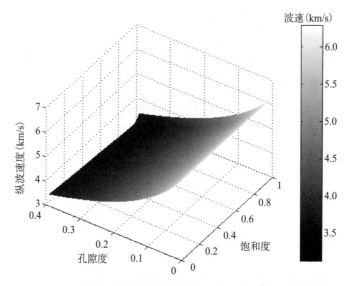

图6.17 根据Pride模型计算的含流体孔隙岩石纵波速度与孔隙度、饱和度关系

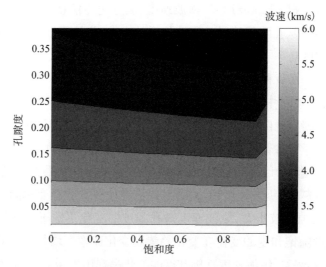

图6.18 根据Pride模型计算的含流体孔隙岩石纵波速度变化等值线

综合式(6.14)、(6.17)、(6.29)和(6.30)计算纵、横波速度比,计算结果如图6.19和图6.20所示。结果表明,如果饱和度一定,则孔隙度越大、波速比越大,并且波速比随孔隙度变化的敏感性与孔隙度有关;当孔隙度较小时,波速比对孔隙度的变化更敏感。如果孔隙度一定,则当岩石接近饱和时,波速比随饱和度增大而增大,且波速比对饱和度的变化很敏感。当岩石远离饱和的很大范围内,波速比基本保持不变,不随饱和度的变化而变化,即此时波速比对饱和度的

变化不敏感。

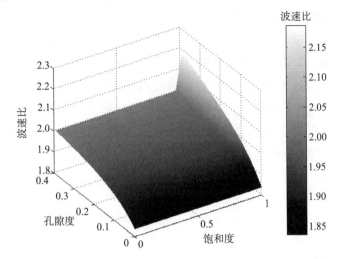

图6.19　根据Pride模型计算的含流体孔隙岩石波速比与孔隙度、饱和度关系

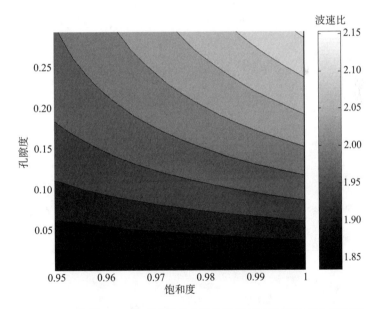

图6.20　根据Pride模型计算的含流体孔隙岩石波速比变化等值线

　　波速比和纵波速度均与岩石孔隙度和饱和度有关,因此,可以联合波速比和纵波速度来估算岩石的孔隙度和饱和度。将含流体孔隙岩石波速比等值线和纵波速度等值线叠加在一起(图6.21),得到岩石纵波速度、波速比随孔隙度、饱和度变化的量板图。如果能够得到岩石的纵波速度和波速比,则查看量板图就可以估算出岩石的孔隙度和饱和度。例如,图6.21为根据济阳坳陷3~42岩样参

数计算得到的量板图,如果测得该岩石的纵波速度为4.5105 km/s、波速比为1.9886,那么,通过查看量板图就可以估算出岩石的饱和度约为96.5%,孔隙度约为8%。

综上所述,如果已知P波速度和波速比,则既可以直接求解P波速度方程(式(6.16))和波速比方程(式(6.17))组成的方程组,计算出岩石饱和度和孔隙度,也可以通过查量板图方法估算出岩石饱和度和孔隙度。查量板图方法的流程如下:①确定研究区的岩石骨架参数和孔隙内流体参数;②根据Gassmann-Biot方程,计算含流体孔隙岩石纵波速度和波速比随孔隙度、饱和度变化的图版;③根据地震资料计算研究区岩层的纵波速度和波速比;④查图版得到孔隙度和饱和度。

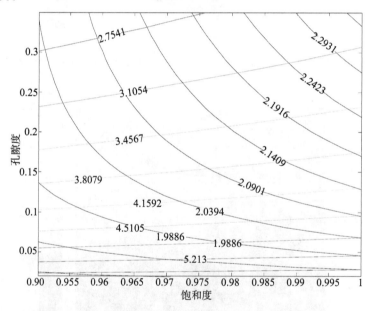

图6.21　含流体孔隙岩石波速比等值线和纵波速度等值线

6.3　Gassmann–Biot方程在水库地震研究中的应用

水库地震诱发机理研究表明,水库蓄水将导致库水向下渗透,改变库基岩体的应力状态和介质性质,诱发地震活动。因此,水库地震与库水向地下渗透运移有着不可分割的联系(刘远征等,2010),水在水库诱发地震中起着重要作用。由于水的作用,介质的物理性状将产生一系列变化,如出现微破裂、扩容、塑性硬化及相变等,地震波通过地壳介质时,地震波速、波速比、地震波 Q 值等与震源区介质有关的参数均将发生变化。近几年来,有关水库区域地震波速异常、波速比异常、地震波 Q 值变化的震例越来越多(冯德益等,1993;周连庆等,2009;王惠琳等,2012;卢显等,2013)。地震岩石物理学研究表明,岩石的压力、温度、饱和度、流体类型、孔隙度、孔隙类型等许多因素都将影响到岩石的地震特性(密度、速度、体积模量等),即当这些因素中的一个或多个发生变化时,岩石的地震特性将随着发生变化(马淑芳等,2010)。岩石力学实验也表明,岩石中流体的存在将会影响岩石介质的地震波传播特性。例如,施行觉等(1995)通过实验测量和理论计算认为当饱和度高于某值时,含水量的增加可使纵波波速增加30%左右。史謌和沈联蒂(1993)实验表明,地震波速度不仅与岩石饱和度有关,还与不同饱和阶段的孔隙流体分布有关,并且进水和失水过程中纵、横波速度与饱和度关系显示出不同规律。近年来,岩石物理技术广泛用于估算岩石的孔隙度和饱和度,预测储层条件下油气层的纵、横波速度等,在油田勘探开发中发挥了重要作用(云美厚等,2006)。

本节从 Gassmann-Biot 方程出发,分析地震波 P 波速度、波速比分别与岩石孔隙度和饱和度的关系;然后,通过珊溪水库地震 P 波速度和波速比的变化,估算珊溪水库震源区岩石孔隙度;最后,给出水库地震波速异常的物理解释,探讨珊溪水库诱发地震机制。

6.3.1　珊溪水库地层岩性及弹性模量

水库区出露的主要地层为中生界上侏罗统磨石山组火山岩和火山碎屑岩,以及下白垩统馆头组河湖相碎屑岩、朝川组碎屑岩和火山岩,其次为少量的下侏罗统河湖相含煤沉积岩。

上侏罗统磨石山组地层出露面积广、厚度大,岩相变化复杂。根据岩相组合特征和接触关系,上侏罗统磨石山组可划分为b、c、d、e四段。珊溪水库地震全部发生在上侏罗统磨石山组b、c段地层中。磨石山组b段(J_3^b)主要为一套青灰、灰紫、灰绿色块状流纹质晶屑熔结凝灰岩,或玻屑熔结凝灰岩,常含角砾,偶夹集块岩、凝灰质粉砂岩、泥岩、炭质页岩或煤线,为磨石山组整个喷发旋回早期的一次强烈爆发活动的产物,岩性单一,岩相变化不大,致密坚硬,抗风化能力强。磨石山组c段(J_3^c)为一套灰紫、灰绿色流纹质玻屑凝灰岩或局部为熔结凝灰岩夹凝灰质砾岩、粉砂岩、泥岩、炭质页岩或煤线等,岩性杂,成层性好,岩相变化大,为磨石山组间歇性喷发向正常沉积的产物。

由于缺少珊溪水库震中区岩石基质矿物组成的实测资料,因此,无法通过式(6.18)、(6.19)和(6.20)求得岩石基质等效弹性模量。然而,在进行珊溪水库大坝建设时,电力工业部华东勘测设计院(1979)对水库大坝坝址区进行了详细的工程地质勘查,通过声波法对岩石变形特性进行了测试,获得了珊溪水库震中区 J_3^c 地层中新鲜火山角砾岩等四种岩石的弹性模量、密度、泊松比、孔隙度和纵波速度等参数(表6.6)。实际上,表6.6中的弹性模量实测数据是岩石在某一孔隙度下、含气含水状态下的测量结果,属于某一状态下的岩石密度和等效弹性模量 K_e 。式(6.16)和(6.17)表明,计算P波速度和波速比需要已知岩石基质密度 ρ_s 和基质弹性模量 K_s ,因此,应首先根据某一状态下的岩石密度 ρ 和等效弹性模量 K_e 计算出基质密度 ρ_s 和基质弹性模量 K_s 。如果孔隙岩石所含流体为气和水,则含流体孔隙岩石的等效密度是饱和度的单调增函数。假设表6.6中的岩石密度、体积模量、纵波速度等实测数据为岩石水饱和度 $S_w = 0$ 或 $S_w = 1$ 时的取值,则通过式(6.14)和(6.15)可以分别求得 $S_w = 0$ 和 $S_w = 1$ 时的岩石基质密度,它们是岩石基质密度取值的下界和上界,即给出了岩石基质密度的取值范围。使用Pride模型建立的岩石骨架与岩石基质体积模量函数关系式(6.29),联合Gassmann-Biot方程和岩石骨架模型可以分别求解出 $S_w = 0$ 和 $S_w = 1$ 时的岩石基质模量和固结系数,得到岩石基质模量和固结系数的取值范围(计算结果见表6.6和图6.22)。由于泊松比与岩石含水饱和度之间的关系不明显(王桂花等,2001;王晋等,2014),因此计算中假设泊松比不随饱和度的变化而变化。

表6.6 珊溪水库震中区部分岩石物理参数

	岩石物理参数	新鲜火山角砾岩	新鲜层凝灰岩	新鲜英安质晶屑凝灰岩	新鲜凝灰质砂岩
实测结果	声波法测定的纵波速度 v_p (m/s)	5535	4990	5940	5180
	密度 ρ (g/m³)	2.58	2.65	2.59	2.62
	孔隙度 φ (%)	4.11	2.94	2.27	2.57
	声波法测定的泊松比 v	0.17	0.19	0.23	0.26
	声波法测定的弹性模量 E (GPa)	75.01	61.20	80.42	57.16

	岩石物理参数	新鲜火山角砾岩	新鲜层凝灰岩	新鲜英安质晶屑凝灰岩	新鲜凝灰质砂岩
Pride模型计算结果	由声波法E计算的体积模量k(GPa)	37.88	32.90	49.64	42.59
	密度ρ均值(上界~下界)(g/m³)	2.67 (2.69~2.65)	2.72 (2.73~2.70)	2.64 (2.65~2.63)	2.68 (2.69~2.66)
	由声波法v_P计算的岩石固结系数c均值(上界~下界)	2.38 (3.64~1.12)	3.12 (4.58~1.65)	4.45 (6.19~2.70)	17.85 (26.72~8.97)
	由声波法v_P计算的岩石基质模量K_s均值(上界~下界)(GPa)	43.18 (45.42~40.93)	36.80 (38.46~35.13)	55.62 (57.93~53.30)	61.94 (73.72~50.15)

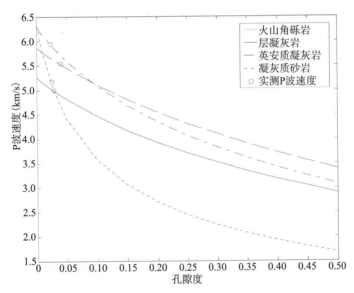

图6.22　珊溪水库震中区 J_3^b 地层四种岩石P波速度随孔隙度变化曲线与实测P波速度

6.3.2　地震P波速度、波速比与岩石孔隙度和饱和度的关系

上一节根据工程地质勘查得到的岩石密度、泊松比、扬氏弹性模量、孔隙度确定了火山角砾岩、层凝灰岩、英安质凝灰岩、凝灰质砂岩等四种岩石的基质密

度、基质体积模量、固结系数等参数的取值范围(表6.6),并在表中列出了它们的平均值。本节使用这些参数通过Gassmann-Biot方程计算这四种岩石的地震P波速度和波速比,分析和讨论岩石物理参数对波速比、P波速度的影响。计算时,岩石密度、固结系数、基质体积模量分别取表6.6中的平均值。图6.23为孔隙度等于10%时四种岩石P波速度和波速比随饱和度的变化曲线;图6.24为饱和度等于100%时四种岩石P波速度、波速比随孔隙度的变化曲线。

图6.23表明,在孔隙度为10%的情况下,四种岩石的P波速度和波速比存在一些显著的差异。①在岩石孔隙度和饱和度相同情况下,火山角砾岩和英安质凝灰岩的P波速度要比层凝灰岩、凝灰质砂岩的高。波速比则是凝灰质砂岩最大,英安质凝灰岩次之,火山角砾岩最小。②当岩石饱和度约大于95%时,虽然四种岩石的波速比均随饱和度增大而增大,但增大的速率有明显的差异,凝灰质砂岩最大、英安质凝灰岩次之,火山角砾岩最小。③与水饱和度等于0的干岩石(气饱和度为100%)相比,四种岩石在水饱和度等于100%的饱水状态下P波速度的变化不同,火山角砾岩和英安质凝灰岩在水饱和状态下的P波速度小于干岩石状态下的P波速度,凝灰质砂岩则是在水饱和状态下的P波速度大于干岩石状态下的P波速度。

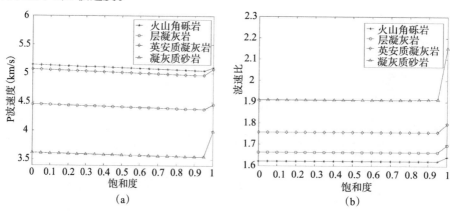

图6.23 孔隙度等于10%时四种岩石P波速度(a)、波速比(b)随饱和度变化

虽然四种岩石的P波速度和波速比的大小不同,但它们随饱和度变化的趋势相似。当饱和度较小时(饱和度小于95%,岩石远离水饱和状态),P波速度随着饱和度的增加而缓慢减小,而波速比几乎不变;当饱和度较大时(饱和度大于98%,岩石接近水饱和状态)时,波速比和P波速度均随饱和度的增加而迅速增大。此外,在不同的饱水状态下,波速比和P波速度变化对岩石饱和度变化的敏感性也是不同的,接近水饱和状态时要比远离饱和状态时更加敏感,即在岩石接

近饱和时,饱和度较小的变化就会引起波速比和P波速度的较大变化。

　　图6.24表明,在饱和度为100%时,四种岩石中P波速度和波速比随孔隙度变化的规律存在一些显著的差异。①四种岩石中波速比和P波速度对孔隙度变化的敏感性是不同的,凝灰质砂岩最为敏感,英安质凝灰岩次之,层凝灰岩和火山角砾岩敏感性最差。②波速比和P波速度变化对孔隙度变化的敏感程度与孔隙度有关,孔隙度较小时(如小于10%,或更小)更加敏感,即当孔隙度较小时,孔隙度的微小变化都将引起波速比和P波速度的较大变化。图6.24中凝灰质砂岩表现得最为明显。地震时岩石饱和度和孔隙度都会发生变化,地震波速和波速比的变化是岩石饱和度、孔隙度变化的综合效应。此外,还有可能是由于地震震中迁移到不同的地层中,岩性发生变化引起了波速和波速比的变化,实际情况是非常复杂的。

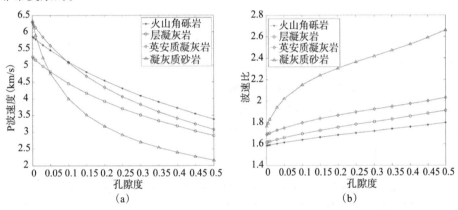

图6.24　饱和度等于100%时四种岩石P波速度(a)、波速比(b)随孔隙度变化

　　根据珊溪水库地震波速比、P波速度及其两者随饱和度、孔隙度的变化趋势曲线(图6.23和图6.24),可以粗略地判定地震过程中震中区岩体饱和度、孔隙度的定性变化(表6.7)。6.1节的计算和分析表明,就整个序列而言,珊溪水库地震波速比和P波速度的变化在时间上具有阶段性特征。2002至2007年上半年波速比和P波速度变化基本上同步,但变化幅度不同,特别是当两者同时减小时,P波速度的减小幅度大于波速比减小幅度(表6.1和表6.2)。波速比和P波速度的同步变化这种现象可能反映了震中区岩体始终处于饱和或接近饱和状态。P波速度减小幅度比波速比大的现象可能反映了岩石孔隙度有所增大,因为孔隙度增大将引起P波速度减小、波速比增大(图6.24)以及饱和度减小,饱和度减小又将进一步影响P波速度和波速比减小(图6.23)。综合这两种效应的最终结果就表现为P波速度减小幅度大于波速比减小幅度。2007年下半年至2009年,尽管

波速比有升有降,但P波速度表现为持续上升,这种现象可能反映了震中区岩石裂隙可能开始逐渐闭合,孔隙度逐渐减小。因为这一时段地震活动水平很低,地震间的时间间隔增加,震中区开始调整。调整主要表现在两个方面:①随着水在岩体中的渗透更加充分、范围更大,岩石的水饱和度逐渐增加;②随着部分裂隙开始逐渐闭合,孔隙度逐渐减小,孔隙度的减小也将导致饱和度增大。孔隙度减小将引起P波速度增大、波速比减小以及饱和度增大,饱和度增大又进一步影响P波速度和波速比增大。综合这两种效应的最终结果就表现为P波速度持续增大,而波速比有升有降。2010年地震活动有所增强,并在原震区发生2.1级震群,2014年地震开始向水库北岸迁移,并发生4.4级震群活动;与此相对应,2010年以后波速比和P波速度变得复杂,两者变化趋势相同和相反的情况都有。由于震中迁移,岩石孔隙度和饱和度均会出现更加复杂的变化,从而引起波速比和P波速度出现更加复杂的变化。

就每一丛地震而言,每丛地震的开始阶段,震中区岩体处于水饱和状态,由于波速比和P波速度均对饱和度非常敏感,因此波速比和P波速度均呈现出较大幅度的起伏波动现象。随着地震不断沿着发震断层向两端扩展,岩石不断产生新生性裂隙,导致库水沿着新裂隙向周边其他地方渗透,但是水的渗透速率未能使岩石达到水饱和状态,岩体主要表现为饱和度减小,因此每丛地震衰减阶段的波速比和P波速度主要表现为逐渐降低。

表6.7　珊溪水库地震过程中震中区岩体的饱和度、孔隙度变化

起止时间	P波速度	波速比	饱和度	孔隙度
2002-07—2002-09	起伏波动	起伏波动	饱和	
2002-09—2004-12	下降	下降	减小	
2004-12—2005-01	上升	上升	增大	
2005-01—2005-02	起伏	起伏	饱和	
2005-02—2005-12	下降	下降	减小	
2005-12—2006-02	上升	上升	增大	
2006-02—2006-09	起伏	起伏	饱和	
2006-09—2007-05	下降	下降	减小	
2007-06—2009-02	上升	上升	增大	
2009-02—2009-10	上升	下降		减小

起止时间	P波速度	波速比	饱和度	孔隙度
2010-10—2010-11	起伏上升	起伏下降		减小
2010-11—2011-10	上升	上升	增大	
2011-11—2014-01	下降	下降	减小	
2014-01—2014-09	上升	上升	增大	
2014-09—2014-12	起伏	起伏	饱和	

需要指出的是,图6.24中P波速度随孔隙度的变化曲线只是在孔隙度远小于临界孔隙度时是正确的,而在孔隙度大于一定数值时,波速随孔隙度增大而增大的变化趋势可能与实际会存在较大的差异,甚至是错误的。研究表明,岩石存在一个特征孔隙度,当岩石的孔隙度超过这一特征孔隙度后,岩石矿物颗粒相互分离,处于悬浮状态,这一特征孔隙度被定义为临界孔隙度(Nur,1992;Nur et al.,1995)。临界孔隙度不仅是岩石力学性质和声学性质的转换点,而且是岩石强度和岩石电导率等属性的分界点。临界孔隙度将岩石属性随孔隙度的变化分为两个截然不同的阶段。当岩石的孔隙度超过临界孔隙度后,由于颗粒分离,其干岩石模量为0。从式(6.29)和(6.30)可看出,当Pride模型中的孔隙度达到1时,干岩体体积模量、剪切模量均等于0。当固结系数较大时(如远大于20),才能使干岩石体积模量、剪切模量在一个较低的孔隙度上接近于0,而当固结系数较小时,即使在孔隙度很大的情况下,干岩石的体积模量也不等于0(图6.11),此时Pride模型不再适用(Pride,2005)。因此,Pride模型难以描述岩石接近临界孔隙度的情形。

6.3.3　珊溪水库震中区孔隙度

(1) 孔隙度取值范围

按照6.2.5节的方案,求解岩石孔隙度和饱和度的方法有两种:查事先制作的量版图和求解方程组。使用表6.6中给出的参数,分别计算珊溪水库火山角砾岩、层凝灰岩、英安质凝灰岩和凝灰质砂岩四种岩石的P波速度、波速比随孔隙度、饱和度变化等值线图板(图6.25)。如果求得地震波速比和P波速度,则查该图板就能够得到相对应的孔隙度和饱和度。使用波速和波速比等值线图板确定岩石孔隙度的方法虽然直观、简便,但结果误差比较大。为了使结果更精确,可以通过求解方程组的方法确定岩石孔隙度和饱和度。

图6.24表明,当孔隙度取极小值时,波速比取极小值、P波速度取极大值;反之,当孔隙度取极大值时,波速比取极大值、P波速度取极小值。因此,对于理想情况,可以通过计算P波速度取极大值、波速比取极小值时的孔隙度给出岩石孔隙度的下限值,计算P波速度取极小值、波速比取极大值时的孔隙度给出岩石孔隙度的上限值。6.1节的计算表明,珊溪水库地震波速比分布范围为1.5750～1.7934,平均值为1.6917,P波速度分布范围为5.64～6.93 km/s,平均值为6.1 km/s。通过求解P波速度方程和波速比方程组成的方程组,计算出波速比取极小值1.575、P波速度取极大值6.93 km/s时,波速比取极大值1.7934、P波速度取极小值5.64 km/s时,以及波速比取均值1.6917、P波速度取均值6.1 km/s时的孔隙度和饱和度(表6.8)。当波速比取极小值、P波速度取极大值时,方程组无解;也就是说,即使孔隙度为0,P波速度也小于6.93 km/s,因为实际震例中不太可能出现波速比为最小值的同时P波速度正好为最大值。综上所述,珊溪水库震中区火山角砾岩、层凝灰岩、英安质晶屑凝灰岩、凝灰质砂岩的孔隙度上限值分别为0.0927、0.0136、0.0556和0.0123。

表6.8　珊溪水库震中区 J_3^c 地层四种岩石孔隙度实测与计算结果

岩石类型	室内岩石物理实验测定		v_P =6.93 km/s γ =1.575		v_P =5.64 km/s γ =1.7934		v_P =6.1 km/s γ =1.692	
	孔隙度	吸水率(%)	孔隙度	饱和度	孔隙度	饱和度	孔隙度	饱和度
火山角砾岩	0.0411	0.42	–	–	0.0927	100.0%	0.0132	100.0%
层凝灰岩	0.0294	0.46	–	–	0.0136	100.0%	–	–
英安质晶屑凝灰岩	0.0227	0.09	–	–	0.0556	100.0%	0.0094	100.0%
凝灰质砂岩	0.0257	0.53	–	–	0.0123	100.0%	0.0006	100.0%

(2) 孔隙度时空分布

为了进一步分析地震中孔隙度的变化特征,根据6.1节得到的P波速度和波速比变化特征,选取波速、波速比曲线中拐点或极值位置对应的数据进行计算。

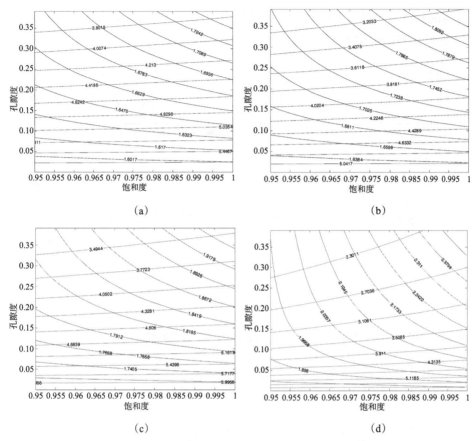

图6.25 P波速度、波速比随孔隙度、饱和度变化等值线图板

(a)火山角砾岩;(b)层凝灰岩;(c)英安质凝灰岩;(d)凝灰质砂岩

　　共选取了36组数据,如图6.26(a)和(b)中黑点所示位置。以英安质晶屑凝灰岩为例,通过求解式(6.16)和式(6.17)组成的联立方程组,得到了与图6.26(a)和(b)中黑点位置相对应的岩石孔隙度、饱和度(表6.9和图6.26(c))。表6.9表明,岩石饱和度均大于99%,且大多为100%,即地震中岩石处于水饱和或接近水饱和状态,饱和度变化很小,地震中波速和波速比的变化主要是由岩石孔隙度的变化引起。需要指出的是,表6.9中出现了饱和度大于100%的情况,这可能是由于计算中ρ_s、k_s和c的取值为表6.6中估算的平均值,而不是实测值所致。

　　表6.9显示,地震序列中活动水平最高的三丛地震,即2002年、2006年和2014年地震丛中存在饱和度小于100%的情况,而活动水平较低的其余时段,饱和度均为100%。这可能是由于地震密集发生时地震间隔时间短,岩石的渗透率不足以使岩石达到饱和,而地震活动水平较低时段,库水能够充分渗透,使岩石

达到饱和。图6.26(c)显示,2002—2008年孔隙度较大,2009年以后孔隙度较小,这可能与震中位置不同有关。

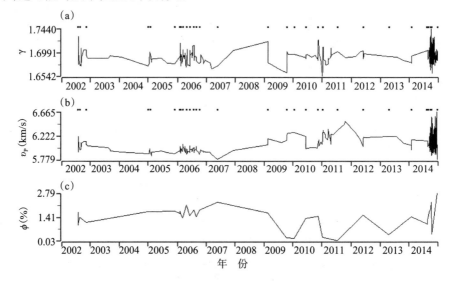

图6.26　珊溪水库地震波速比(a)、P波速度(b)与英安质晶屑凝灰岩孔隙度(c)随时间分布

表6.9　珊溪水库震中区英安质晶屑凝灰岩饱和度、孔隙度计算结果

地　震			英安质晶屑凝灰岩	
时　间	v_P(km/s)	波速比 γ	孔隙度 ϕ(%)	饱和度 S_w(%)
2002 – 07 – 28	5.9183	1.6819	1.69	100.0
2002 – 07 – 30	6.1357	1.7010	0.93	99.9
2002 – 07 – 31	5.9374	1.6768	1.50	100.0
2002 – 08 – 02	6.2138	1.7290	1.05	100.0
2002 – 08 – 18	5.9574	1.6763	1.39	100.0
2002 – 11 – 12	6.1163	1.7044	1.09	100.0
2005 – 01 – 07	5.8865	1.6740	1.71	100.0
2005 – 01 – 26	5.9770	1.7001	1.72	100.1
2005 – 11 – 27	5.8930	1.6782	1.76	100.0
2006 – 02 – 04	6.0186	1.7063	1.62	99.9
2006 – 02 – 08	6.0257	1.7162	1.76	100.0
2006 – 02 – 11	5.9053	1.6733	1.60	100.0

续　表

| 地　震 | | | 英安质晶屑凝灰岩 | |
时　间	v_P (km/s)	波速比 γ	孔隙度 ϕ (%)	饱和度 S_w (%)
2006 – 03 – 11	6.0644	1.7042	1.35	99.9
2006 – 04 – 28	5.8732	1.6918	2.12	100.0
2006 – 06 – 11	6.0327	1.7029	1.48	98.8
2006 – 07 – 31	6.0025	1.7125	1.81	99.9
2006 – 09 – 01	5.9972	1.6906	1.44	100.0
2006 – 10 – 12	5.8828	1.6784	1.82	100.0
2007 – 05 – 25	5.7803	1.6734	2.28	100.0
2009 – 02 – 20	6.0553	1.7195	1.67	100.0
2009 – 10 – 15	6.1411	1.6608	0.21	100.0
2010 – 01 – 19	6.2833	1.6961	0.16	100.0
2010 – 06 – 14	6.0074	1.6870	1.32	100.0
2010 – 11 – 15	6.1057	1.7228	1.47	100.0
2011 – 01 – 14	6.1654	1.6679	0.22	100.0
2011 – 07 – 18	6.3285	1.7007	0.03	100.0
2012 – 06 – 05	6.0205	1.7019	1.53	100.0
2013 – 04 – 21	6.2108	1.6911	0.40	100.0
2014 – 01 – 30	5.9587	1.6793	1.43	100.0
2014 – 08 – 25	6.1273	1.7029	1.01	99.9
2014 – 08 – 29	6.0227	1.6865	1.24	100.0
2014 – 09 – 12	6.0146	1.7085	1.68	99.9
2014 – 10 – 03	6.0953	1.7440	1.91	100.0
2014 – 10 – 12	5.8615	1.6962	2.27	100.0
2014 – 10 – 16	6.0869	1.6594	0.44	100.0
2014 – 12 – 24	5.7794	1.6990	2.78	100.0

图6.27给出了沿着经纬度方向岩石孔隙度和震中分布。图6.28给出了发震断裂剖面沿着深度方向的孔隙度和震中分布,剖面横坐标的起点和终点分别为图6.27中的A点和B点,A点位置为(27.73°N,119.92°E),B点位置为(27.65°N,120.03°E)。震中区岩石孔隙度极其不均匀,在发震断裂方向,断裂东南段孔隙度最大,西北段最小,中段最不均匀。在震源深度方向,断裂中段在小于1 km的近地表和3～6 km处孔隙度较小,在2 km左右的浅部和大于6 km的深部孔隙度较大;顺着断裂往东南方向较大孔隙度分布一直延伸至小于2 km的浅部;往断裂西北方向孔隙度很快变小,并与断裂中部3～6 km处的孔隙度相近。2002年,地震主要发生在双溪—焦溪垟断裂中段的深部,震中大多位于孔隙度变化比较大的梯度带且靠近孔隙度较大的一侧。2006年,地震主要发生在断裂东南段,在中部与2002年地震相接,震源深度达8 km左右;往断裂东南方向震源深度逐渐变小,是震中区岩石孔隙度最大的区域。2014年,地震主要发生在断裂西北段和断裂中部6 km以浅部位,是震中区岩石孔隙度最小的区域。

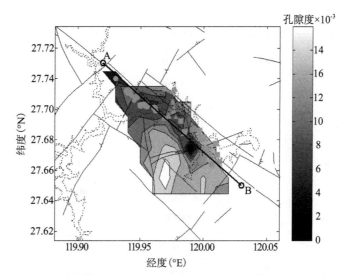

图6.27　AB剖面上震中与孔隙度分布(三角:2002;方块:2006;圆圈:2014)

(3) 岩石渗透率的影响

图6.23是在假设孔隙度保持不变时得到的结果,图6.24是在假设岩石饱和度保持不变时得到的结果。然而,地震时岩石饱和度和孔隙度可能同时发生变化,即P波速度或波速比是饱和度和孔隙度两个变量的函数。对于地震P波速度,$v_P = f(\phi,s)$;对于波速比,$\gamma = v_P/v_S = g(\phi,s)$。

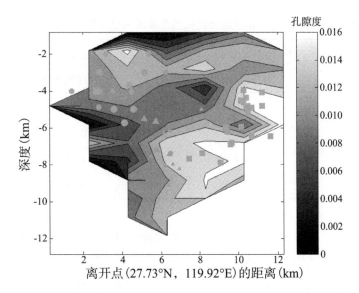

图6.28 地震震中与孔隙度分布(三角:2002;方块:2006;圆圈:2014)

$$\mathrm{d}v_\mathrm{P} = \frac{\partial f(\phi,s)}{\partial \phi}\mathrm{d}\phi + \frac{\partial f(\phi,s)}{\partial s}\mathrm{d}s = f_1(\phi,s)\mathrm{d}\phi + f_2(\phi,s)\mathrm{d}s \qquad (6.34)$$

$$\mathrm{d}\gamma = \frac{\partial g(\phi,s)}{\partial \phi}\mathrm{d}\phi + \frac{\partial g(\phi,s)}{\partial s}\mathrm{d}s = g_1(\phi,s)\mathrm{d}\phi + g_2(\phi,s)\mathrm{d}s \qquad (6.35)$$

式中，v_P、γ、ϕ、s分别表示P波速度、波速比、岩石孔隙度和饱和度。孔隙度、饱和度变化对P波速度的影响分别与式(6.34)中的 $f_1(\phi,s)$、$f_2(\phi,s)$ 有关,把$f_1(\phi,s)$ 称为波速孔隙度影响因子,把 $f_2(\phi,s)$ 称为波速饱和度影响因子。孔隙度、饱和度变化对波速比的影响分别与式(6.35)中的 $g_1(\phi,s)$、$g_2(\phi,s)$ 有关,把$g_1(\phi,s)$ 称为波速比孔隙度影响因子,把 $g_2(\phi,s)$ 称为波速比饱和度影响因子。

表6.6分别给出了珊溪水库火山角砾岩等四种岩石在实验室测定的孔隙度以及计算得到的各项岩石物理参数。使用这些参数,通过式(6.34)可以分别计算出四种岩石的波速孔隙度影响因子 $f_1(\phi,s)$ 和波速饱和度影响因子 $f_2(\phi,s)$;通过式(6.35)可以分别计算出四种岩石的波速比孔隙度影响因子 $g_1(\phi,s)$ 和波速比饱和度影响因子 $g_2(\phi,s)$(表6.10);通过表6.10的影响因子就可以进一步计算出岩石饱和度或孔隙度变化引起的P波速度、波速比变化量值。结果表明,四种岩石都表现为P波速度和波速比对饱和度变化要比对孔隙度变化更敏感。但四种岩石也有较大的差异,如英安质凝灰岩的P波速度孔隙度影响因子 f_1 比火山角砾岩和层凝灰岩的 f_1 要大约一倍,三者的饱和度影响因子 f_2 却比较相近;三种岩石的波速比孔隙度因子 g_1 与饱和度因子 g_2 也与此类似。

表6.10　影响P波速度和波速比变化的孔隙度因子和饱和度因子计算结果

岩石类型	实验室测定的孔隙度(%)	P波速度变化的影响因子		波速比变化的影响因子	
		孔隙度因子 f_1	饱和度因子 f_2	孔隙度因子 g_1	饱和度因子 g_2
火山角砾岩	4.11	−7.82	55.83	0.56	16.31
层凝灰岩	2.94	−8.67	58.20	0.85	19.21
英安质凝灰岩	2.27	−14.12	67.61	1.25	19.57
凝灰质砂岩	2.57	−29.70	374.99	4.94	134.76

　　表6.10只是给出了四种岩石在相应的实验室测定孔隙度附近的影响因子。式(6.34)和式(6.35)表明影响因子并不是常数,而是孔隙度和饱和度的函数。以英安质凝灰岩为例,进一步给出 $f_1(\phi,s)$ 和 $f_2(\phi,s)$ 的等值线(图6.29)。图6.29显示, $f_1(\phi,s)$ 为负值、$f_2(\phi,s)$ 为正值,即孔隙度减小或饱和度增大将引起P波速度增大,而孔隙度增大或饱和度减小则将引起P波速度减小。而且,当饱和度约小于95%时,孔隙度变化是影响P波速度变化的主要因素;当饱和度约大于96%时,饱和度是影响P波速度变化的主要因素。孔隙度和饱和度变化对波速比的影响与P波速度类似,在此不再重复。

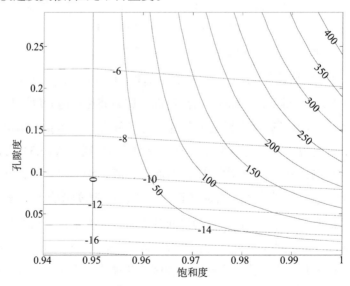

图6.29　波速孔隙度影响因子 $f_1(\phi,s)$(虚线)
与波速饱和度影响因子 $f_2(\phi,s)$(实线)等值线分布

然而,岩石饱和度与孔隙度并非独立的两个参数。如果岩石的渗透率较小,岩石扩容速率大于水渗透进入孔隙的速率,则当岩石孔隙度增大时,将导致饱和度减小,孔隙再次饱和需要一定的时间。因此,实际情况中孔隙度对波速比和P波速度的影响是很复杂的。

岩石的孔隙度是指岩石中未被固体物质充填的空间体积 V_n 与岩石总体积 V_b 的比值,即孔隙度 ϕ 可以写为:

$$\phi = \frac{V_n}{V_b} \tag{6.36}$$

当岩石孔隙中充满了一种流体时,则称岩石饱和了一种流体。当岩石孔隙中同时存在多种流体(水、气、油等)时,则称岩石孔隙被多种流体所饱和。某种流体所占的体积百分数称为该种流体的饱和度。岩石中水饱和度可以用下式表示:

$$S_w = \frac{V_w}{V_n} = \frac{V_w}{\phi V_b} \tag{6.37}$$

式中, V_w 、S_w 分别为岩石中所含水的体积和水饱和度。由于某种原因,震中区岩石发生了扩容,岩石孔隙度增加了 $\Delta\phi$;假设岩石渗透率很小,岩石扩容后的一定时间内水的渗透可以忽略,则此时岩石饱和度 S'_w 为:

$$S'_w = \frac{V_w}{V_n} = \frac{V_w}{(\phi + \Delta\phi)V_b} \tag{6.38}$$

由式(6.37)和(6.38)可以得到:

$$S'_w = \frac{\phi}{\phi + \Delta\phi} S_w$$

$$\Delta S = S'_w - S_w = \frac{\phi}{\phi + \Delta\phi} S_w - S_w = -\frac{\phi}{\phi + \Delta\phi} S_w \tag{6.39}$$

根据式(6.39)可以计算出岩石渗透率为0时孔隙度变化引起的饱和度变化。如果岩石的渗透率足够大,即使岩石发生扩容,也能在很短时间内使岩石孔隙达到饱和,那么,在这种情况下岩石饱和度并不随孔隙度的变化而变化。

使用式(6.34)和(6.35),并选取表6.10中的P波速度变化影响因子和波速比变化影响因子,可以计算出孔隙度变化引起的波速比、P波速度变化(表6.11)。表6.11中给出了岩石渗透率等于0和岩石渗透率足够大两种极端情况下的P波速度和波速比变化结果,实际情况应该介于二者之间。结果表明,四种岩石的差异还是非常明显的,特别是当岩石渗透率为0时差异更加显著。孔隙度变化幅度越大,波速比或P波速度的变化幅度也越大。例如对于英安质凝灰岩,当孔隙度增大0.1(10%)时,P波速度变化范围为 $-7.5\%\sim-1.4\%$,波速比变化范围

为 −1.6%～0.1%；当孔隙度增大 0.5(50%)时，P 波速度变化范围为 −29.4%～
−7.1%，波速比变化范围为 −5.8%～0.6%。

表6.11　由孔隙度变化引起的波速、波速比变化幅度

饱和度、波速及波速比变化率		孔隙度变化率 Δφ/φ（岩石渗透率为0）				孔隙度变化率 Δφ/φ（岩石渗透率足够大，岩石始终处于饱和状态）			
		+ 0.1	+ 0.3	+ 0.5	− 0.3	+ 0.1	+ 0.3	+ 0.5	− 0.3
饱和度变化率 $\Delta S/S_w$		− 0.09	− 0.23	− 0.33	+ 0.43	0	0	0	0
火山角砾岩	波速变化率 $\Delta v_P/v_P$	− 5.8	− 15.2	− 22.3	26.4	− 0.8	− 2.3	− 3.9	2.3
	波速比变化率 $\Delta\gamma/\gamma$	− 1.4	− 3.6	− 5.1	6.8	0.1	0.2	0.3	− 0.2
层凝灰岩	波速变化率 $\Delta v_P/v_P$	− 6.1	− 16.0	− 23.5	27.6	− 0.9	− 2.6	− 4.3	2.6
	波速比变化率 $\Delta\gamma/\gamma$	− 1.6	− 4.2	− 5.9	8.0	0.1	0.3	0.4	− 0.3
英安质凝灰岩	波速变化率 $\Delta v_P/v_P$	− 7.5	− 19.8	− 29.4	33.3	− 1.4	− 4.3	− 7.1	4.3
	波速比变化率 $\Delta\gamma/\gamma$	− 1.6	− 4.1	− 5.8	8.0	0.1	0.4	0.6	− 0.4
凝灰质砂岩	波速变化率 $\Delta v_P/v_P$	− 36.7	− 95.2	− 138.6	170.2	− 3.0	− 8.9	− 14.9	8.9
	波速比变化率 $\Delta\gamma/\gamma$	− 11.6	− 29.5	− 42.0	56.5	0.5	1.5	2.5	− 1.5

6.4　发震机制分析

野外地质调查表明，珊溪水库震中区普遍分布侏罗系层状地层，岩性主要为
凝灰岩夹砂岩、泥岩、炭质页岩或煤线，岩层产状较为平缓，成层性好；不同岩相
的裂隙发育程度基本一致，且以构造裂隙为主。水库区通过的断裂构造主要有
北西向和北东向两组断裂。在断裂构造通过位置，裂隙较发育，而且以竖向裂隙
为主，基本与断面平行。在北西向双溪—焦溪垟断裂位于水库区塘垟码头附近
等多处出露一系列的张裂隙和正断层，这些构造具有较好的连通性，容易导致库
水向深部下渗。特别是 J_3^c 岩层中 NW 向裂隙最为发育，且裂隙集中，成组性强，
具有张性或张扭性，具备库水沿着一系列的张裂隙或断裂面下渗的条件，属于导
水结构。远离断裂构造一定距离后，裂隙的发育程度不如断裂附近发育，且普遍

分布的上侏罗统凝灰岩、流纹岩、含煤地层与下白垩统含砾砂泥岩夹火山岩一般水平裂隙发育,岩石透水性差,属于良好的隔水层。震中区的水文地质结构是局部导水断层和具有良好阻水性岩体的组合。岩体结构面的这种组合,既有利于库水向深部渗透,又容易使断层面孔隙压力升高,降低断层面上的正应力,从而诱发地震。

按照该模型,水库于2000年下闸蓄水后,在张性裂隙发育的塘垄码头附近和具有正断性质的双溪—焦溪垟断裂 f_{11-2} 分支断层上,库水首先沿着断层及其两侧集中分布的张性裂隙向深处渗透,引起了岩体中原来固有的孔隙达到了水饱和状态,增加了断层面的孔隙压力,降低了断层面的摩擦而诱发了地震活动。一次地震就是一次岩体破裂,或一次原有断裂的重新活动,小震的发生又进一步形成了新的渗水通道,导致库水渗入较深部位或者周边其他地方,引发后续地震。因此,2002年地震活动可能是由库水沿NW向双溪—焦溪垟断裂及两侧裂隙下渗而诱发,属于诱发地震,地震活动起伏与水库水位变化具有很高的相关性。该丛地震发生在断裂的中段,震源深度比较大,是整个序列中深度最大的一丛地震。由于该丛地震的发生,为库水进一步向其他地方渗透创造了条件,特别是向破碎带胶结程度较差、孔隙度较大的双溪—焦溪垟断裂 f_{11-3} 分支断层东南段渗透,加上断裂两侧岩石透水性差,库水的渗透被局限在顺着 f_{11-3} 分支断层走向的方向上,因此,2006年一丛地震的震中基本沿着双溪—焦溪垟断裂 f_{11-3} 分支断层分布且具有很好的线性特征,震源机制解也具有很好的一致性。诱发地震活动是在统一的构造应力场作用下双溪—焦溪垟断裂 f_{11-3} 分支断层发生右旋走滑错动的结果。在水的渗透和地震活动的相互作用下,该分支断层的地震活动进一步增强,并于2014年在断层的西北段发生了4.4级震群活动。

第7章 国内外水库地震研究简介

　　1931年希腊马拉松水库蓄水后发生地震活动时,并未引起人们的注意。直到1935年美国科罗拉多河上的胡佛大坝建成蓄水后,水库区地震活动的频繁增加才引起科学家的关注,开始对水库诱发地震进行调查。20世纪60年代世界上又接连发生4例6级以上水库诱发强震,此后,很快引起学术界、工程界和社会公众的注意,人们开展了一系列研究活动,召开了一系列学术会议。对水库地震的研究主要集中在如下几方面:①水库诱发地震的地质学研究,主要研究库区及周围构造、断层、地震带以及水文地质、岩性、地应力场等,希望总结出易于诱发地震的库区环境条件;②水库诱发地震危险性评价和预测方法研究,主要包括水库地震与水库要素的统计特征、水库地震序列统计分析、震源机制与发震构造、地震波谱与震源参数特征等,是目前研究得最深入、结果最可靠的方面;③水库诱发地震的物理机制研究,包括一些概念模型、数学模型和数值模拟研究。

　　据不完全统计,迄今世界上已有150余座水库诱发过大小不同的地震。本章收集整理业已公开发表的水库地震资料,并对水库地震震级与水库的坝高、库容进行了统计,还对水库蓄水至初震的时间间隔、水库蓄水至最大地震的时间间隔进行了统计。结果表明,水库地震主要发生在水库蓄水后1年内,比例达到64.8%;最大地震的发震时间则主要集中在水库蓄水后6年内,其比例达到76.2%;但水库地震震级与水库的坝高、库容之间没有相关性。此外,本章还收集了浙江省水库地震震例,以期做为基础资料供有关研究人员参考。

7.1 水库地震研究概况

1929年10月希腊的马拉松(Marathon)水库建成蓄水,1931年6月水库区发生地震,最大震级达4.7级。由于希腊是多震区,当时人们对这次发生在水库区的地震活动并未给予注意,只是后来发现地震活动与水位涨落密切相关,才认识到地震活动与水库有关。这是世界首例水库诱发地震记录。1933年阿尔及利亚的乌德福达(Oued Fodda)水库蓄水后也发生了地震,由于震级较小,未造成损失,因此当时并未引起人们的注意。1935年美国科罗拉多(Colorado)河上的胡佛(Hoover)大坝建成蓄水,当年记录到小震上万次;1936年9月蓄水到当年最高水位时,发生4.5级地震;1939年又发生5级地震。美国卡德尔经过考察后认定,这些地震与水库蓄水有关,从此开始了一系列水库诱发地震的研究。20世纪60年代以来,随着大量兴建高坝大库容的大型水库,不断有新的水库地震震例出现。特别是1967年印度柯依纳(Koyna)水库发生了6.5级地震,震中烈度达Ⅷ度强,造成200余人死亡,给大坝及其附属设备造成了广泛破坏。此后水库地震问题在世界范围内引起广泛注意,有关国家逐步对此开展了研究,一些国际会议开始对水库地震进行探讨。1967年在伊斯坦布尔举行的国际大坝会议上,第一次探讨了这个问题;1970年联合国教科文组织成立"大型水库地震现象研究小组",1975年又在加拿大召开了第一届国际水库诱发地震讨论会。据不完全统计,迄今世界上已有150余座水库诱发过大小不同的地震,其中大于等于6.0级地震4例,5.0~5.9级17例,4.0~4.9级38例,3.0~3.9级43例,小于3.0级54例(马文涛等,2013),最大为印度柯依纳水库发生的6.5级地震。

随着科技发展和地震监测能力的提高,水库地震研究大致经历了三个阶段。第一阶段是提出问题与争论的阶段,大致时间为20世纪30年代(希腊马拉松水库地震发生)至50年代末。这个阶段发生的水库地震震级不高且都在地震活动区,加上地震监测资料较少,不能与天然地震区分开,没有引起大家的足够重视。第二阶段是引起重视和研究的全面起步阶段,大致时间为整个60年代,世界上先后有4座水库发生了6级以上地震,即1962年中国广东新丰江水库6.1级地震,1963年赞比亚卡里巴(Kariba)水库6.1级地震,1966年希腊克里马斯塔(Kremasta)水库6.2级地震,以及1967年印度柯伊纳水库6.5级地震。这些水库诱发地震造成了水工建筑物的破坏和一定的人员伤亡。这个阶段有关国家投入人力和物力对水库地震进行调查和研究,并进行深井注液和油田抽水、注水试验。这些研究和试验结果对水库地震的研究起了积极的推动作用。第三阶段为20世纪70年代以来,这个阶段是普遍关注和理论探索阶段。很多学者开始对水库地震的特征、发生条件、成因机制及预测方法等方面开展研究。1976年印度H.K. Gupta 和 B.K. Rastogi 发表了专著 *Dams and Earthquakes*,这是第一部系统总结与水库蓄水有关的地震活动的专著。1981年,中国地震学会地震地质专业委员会在武汉召开了诱发地震座谈会,并出版了《中国诱发地震》一书,对中国的水库地震问题做了比较全面的论述,并就一些理论问题做了探讨。

7.1.1　水库地震统计特点

近年来许多学者在类比分析基础上,应用统计学的方法研究水库地震,从水库地震震例出发,开展水库地震单因素或多因素的统计分析。夏其发和江雍熙(1984)根据世界上60座诱震水库的岩性资料,对发震概率、强度与岩性关系进行了统计,结果表明在火成岩、变质岩、沉积岩和碳酸盐岩类中,碳酸盐岩类的发震概率最高,火成岩区发生大震的概率最高。肖安予(1981)统计了49个诱震水库的岩性资料,库区有碳酸盐岩分布的占53%。胡毓良(1983)统计了中国水库地震13个震例认为,水库地震虽不限于发生在高坝大水库中,但其发震概率随坝高与库容的增大而明显增高。一般库容为 1×10^7 m³以下的小型水库,其发震概率小于0.0001;库容为 $1 \times 10^7 \sim 1 \times 10^8$ m³的中型水库,其发震概率小于0.001;库容大于 1×10^8 m³的水库,其发震概率大于0.1。

Beacher et al.(1982)对世界上234座水库进行统计,其中29座为诱震水库。统计中选择了水库的水深、库容、区域应力状态、主要岩石类型、断层活动性等进行分析,结果表明,在库底为沉积岩并具有走滑断层应力状态的水库中,发震概率随水深和库容的增大而增大。学者们对全世界1799座水库的大坝完成时间、坝型、建基面高程、水深、库容、水库面积、地理座标、降雨、蓄水过程、水位、地质和构造等各种因素与水库诱发地震的关系进行了统计分析,结果也表明水深和库容与水库地震的相关性最明显(薄景山,1989)。通过对大量水库地震震例的对比分析研究,人们对水库地震发生的一般特点及规律有了一定的认识。国内外学者(Gupta,1976;夏其发,1992;李祖武,1981;胡毓良,1994;丁原章和肖安予,1982;常宝琦,1989;司富安,1994)在统计分析基础上,归纳得到一些水库地震的主要特点:①水库地震与水库蓄水具有相关性。首次地震往往在蓄水后立即发生或水库蓄水后4年内发生,主震发震时间与水库蓄水过程密切相关。在水库蓄水早期阶段,地震活动与库水位升降变化有较好的相关性。较强的地震活动高潮多出现在第一、二个蓄水期的高水位季节,也有些出现在水位回落或低水位时。②水库地震的震中位置主要分布在水库周围,并且密集于库区断层带附近和透水岩石地区。从震中与水库区的相对位置看,震中多集中在库区中段、库尾和库区边缘,一般分布于库区及附近5 km范围内。③水库诱发地震b值一般比相应地区的天然地震序列或本地天然地震活动的b值大。④多数水库地震的持续时间较长,十几年或几十年不停息,不过地震的频度和强度随时间的延长呈下降趋势。⑤水库地震震源深度较浅,一般在5 km以内,少有超过10 km。由于震源较浅,震中烈度一般都高于同震级的天然地震的地面峰值加速度和震中烈度;6级左右的水库诱发地震的震中烈度为Ⅷ度或Ⅷ度强,5级地震为Ⅶ度,4级地震为Ⅵ度。但极震区范围很小,烈度衰减快。⑥水库诱发地震以弱震和微震为主。据不完全统计,迄今为止全世界发生地震的水库已经超过100座,其中6.0~6.5级强烈地震约占4%,5.0~5.9级占14%,4.0~4.9级占24%。

7.1.2　水库地震物理机制

水库蓄水后,由于库水载荷作用,蓄水初期将引起岩体的压缩变形,使得岩体受压、孔隙度降低,从而引起孔隙压增高,其持续时间取决于岩体结构和渗透性。此外,库水在岩体中渗流,还会引起流体压力的扩散。胡毓良(1994)对浙江乌溪江水库诱发地震进行研究,认为除震源深度极浅的诱发地震外,岩体饱水对地震的诱发作用是较弱的,但当地下存在封闭的"干燥"裂隙或断层,在一定压力梯度下充水时,孔隙压力的变化将是一个相当大的值。Talwani(1981)从美国卡罗莱纳州一系列水库诱发地震研究中,提出地震是由于孔隙水压力扩散使水压力峰面达到震源处而发生的,并利用震中面积的扩大和发震时间的滞后估算地震的水力扩散系数。

存在于孔隙中的流体,将影响岩体的变形特征和岩体强度。Bell & Nur (1978)应用Boit饱水多孔介质线性准静态弹性理论,对二维半空间均匀介质和含断层介质在荷载作用下的强度变化进行研究,发现两种介质均出现弱化带,而后者弱化带的宽度更大,两种介质强度均显著下降。据Talwani & Acree(1985)对蒙蒂塞洛(Monticello)水库诱发地震的计算,断层摩擦系数为0.2~0.4,而不是地质上常常采用的0.6~0.8,并认为这是由于库水渗入而导致摩擦系数降低。Li & Bao(1995)用同一理论计算了新丰江水库诱发地震,认为诱发地震主要是应力－孔隙压耦合作用的结果。梁青槐等(1995)采用应力场－渗流场耦合的方法,研究了理想条件下水库蓄水应力场和渗流场的变化特征,对断层带、蓄水速率对诱发地震的影响等进行了讨论。在水库诱发地震的机理讨论中,大多涉及水对介质的"弱化"作用,即饱和水岩石的强度降低和断层摩擦强度的降低,众多室内实验结果支持这一观点。Simpson et al.(1988)根据蓄水与发震的时间关系把水库地震分为"快速反应型"和"滞后反应型"两类。前者指随着水库开始蓄水或者水库水位的迅速变化,地震活动频率立即增加,其机制是由于水体载荷的弹性应力使库底岩石孔隙压缩,导致孔隙压力升高而产生;后者主要指在水库已经蓄水运行了一段时期后出现地震活动,活动性和滞后时间则与孔隙水压力的扩散有关。Talwani则根据发生时间将水库诱发地震分为两类:一类是"初始型地震",其与水库初始蓄水或库区水位的急剧变化以及库区水位增加超过原最高水位有关,一般发生在库底浅层;第二类是"延续型地震",指水库运行多年后,库区仍然保持原有的地震活动频率和强度。Talwani通过二维计算,推断延续型地震取决于库区水位变动的频度和强度、库容以及库底下层的流体力学特征,同时他认为柯依纳(Koyna)水库区的地震活动是典型的延续型,Simpson分类中的快速响应型和滞后响应型都是"初始型地震"的一部分。Gupta则倾向于将地震活动划分为"快速响应型"、"滞后响应型"和"延续型"三种,其中的"延续型"等同于Talwani的"延续型"。

　　库水和岩体的作用,基本可以归纳为库水荷载作用、孔隙压力扩散作用和润滑作用。所谓库水荷载作用,是指在库水重力对库区岩体的加载作用和重力作用下,岩体孔隙减小引起孔隙压增高。孔隙压力扩散作用是库水在水头作用下向地下渗透扩散,导致渗流场孔隙压力增高。润滑作用指库水向构造破碎带渗透时,断层岩软化、泥化,降低了黏聚力和摩擦系数的作用。以上述三种作用为基础,可以将水库诱发地震的机制总结成下面四种:①应力增强机制,认为库水荷载作用导致岩体中应力增强超过其强度而诱发地震;②水库蓄水后水头升高引起地下孔隙压力升高,导致滑动面有效应力减小而诱发地震的强度弱化机制;③水库蓄水向岩体扩散,导致滑动面摩擦系数降低而诱发地震的强度弱化机制;④局部应力集中机制,认为库区岩体结构和介质建造的不均匀性和各向异性,控制着蓄水过程地应力和孔隙压力的分布,导致局部应力和孔隙压力的高度集中,从而诱发地震。

7.1.3　水库诱发地震的库区地质环境

　　Rothe(1970)通过比较已发震的水库库区与邻近的无震区地质条件后指出，软性土质、均匀岩体和缺少裂隙不利于蓄水后的应力集中，不易诱发地震，而裂隙化岩体、块体构造、非均质岩体易于诱发地震，即先存裂隙可能是水库诱发地震的先决条件。水库诱发地震易发于新构造活动区域，在地壳"封存"应变能的区域，库水沿裂隙渗透，在构造作用"临界带"触发能量释放(Nikolaev, 1974)。Simpson(1976)归纳了影响水库诱发地震的三种主要因素：①先存应力状态，包括构造状态、初始应力大小与应变积累量；②地质和水文地质条件，包括断层产状与断层渗透性、岩体水力学参数(如岩性、裂隙发育程度、孔隙度、渗透率)以及地下水系统与库水的连通性；③水库特征，包括库深(水压)、库容(载荷)、形状(应力集中)与水位波动速率。在此基础上，他认为正断层与走滑断层环境、中等应变积累的地区易于诱发地震。Lomnitz(1974)分析了印度地盾边缘诸水库诱发地震特征后指出，水库诱发地震易发生于地块边缘地形梯度大、地应力集中、区域上具有温泉分布或其他新生代火山活动遗迹的地区，强调地形梯度和地壳残余热两个因素。但据Gupta等的报道，Koyna水库带状分布温泉群的流量与温度，经多年连续观测，与地震活动没有明显的相关性。Gupta(1989)在总结水库诱发地震的一般特征时指出，有利于水库诱发强震的地质环境是正断层环境、库体位于断层下降盘、区域上曾经有火山活动、存在灰岩等易溶岩类的地区。Roeloffs(1988)研究了四种走向与库体平行的断层在蓄水条件下的稳定性，认为垂直走滑断层趋于稳定，低角度(小于20°)逆掩断层和高角度(大于60°)逆断层除库底边缘小部分外也趋于稳定，正断层在深度等于或大于库宽范围趋于失稳。

　　李祖武(1981)根据水库地震震例资料，通过分析水库地震与活动性强烈的大地构造区、断裂带、断块间差异运动之间的关系，认为水库地震一般发生于活动断裂弧形拐点或几组构造线交汇处，新构造期差异运动明显的活动断块的交接地带，以及应力易于集中特别是张剪应力集中的特殊构造部位。熊利龙和刘明寿(1998)通过总结55例水库地震震例，归纳了水库诱发地震的区域地质条件主要有四个方面：①现代构造应力局部集中区及明显的新构造活动带是诱震的优势环境，而且诱震水库区常见温泉等地热异常现象；②强震多发生在火成岩体中，一般坚硬致密的岩石地区发震强度高，石灰岩地区发震概率高；③陡峻的峡谷或基岩裸露地区，库水易沿结构面入渗，我国已知的水库诱发地震均发生在水库的峡谷地段或基岩裸露地区；④坚硬致密岩体中含有有利于水渗流的导水裂隙,且深部的水位或承压水头较低,尤其初始地下水位低时,可为库水的深循环创造条件,利于形成强烈渗流高压异常地带,即适宜的水文地质条件是发生水库诱发地震的另一个重要因素。虞永林(1996)通过研究中国水库诱发地震的地质构造总体环境,总结出水库诱发地震的特征性地质判别标志。①有利的岩性及岩石组合。岩溶区岩体稳定性差,且为库水向下渗透创造极为有利的条件,易于触发地震。渗水和不渗水的岩石组合更有利于库水向深部渗透并封存积蓄起来,是易于诱发地震的有利组合。②盖层断裂在水库地震中起到了重要的作用。对诱发地震的水库区调查结果表明,发震部位的盖层断裂、节理、劈理等密集发育及岩石破碎是具有普遍性的共同特征。盖层断裂及岩石破碎带,能使库水向深部渗透而发挥很大的诱震作用,而密集的小型断裂与较大的断层相互配合使之成为库水向更深部渗透通道系统中重要的组成部分。一般来说,正断层特别是陡倾角正断层有利于诱震,平推断层次之,逆断层不易或不利诱震。③透水层与隔水层组成阻塞的水文地质环境是诱发水库地震的重要水文地质条件。在渗水性地质体周围存在隔水层的组合方式,可以形成半封闭式或近似封闭式的阻塞系统,造成内外或两侧较大动水压力差,从而诱发积累的应变能沿断裂或其他软弱面释放而发生地震。④峡谷型水库或水库中局部峡谷地貌是水库地震的多发区。峡谷区地形陡峭、江水速猛、基岩裸露、风化强烈、裂隙发育,既有利于库水渗漏,又易于形成库区局部水位涨落突变。此外,峡谷区地貌往往呈倒梯形、倒三角形,有利于局部应力集中。随着对水库诱发地震地质条件研究的不断深化,有学者(易立新等,2004)认为,水库诱发地震危险性评价和预测应该综合考虑岩体结构和水文地质结构的组合特征;一般而言,库区介质渗透性、力学性质的不均一性和各向异性在水库诱发地震过程中起主导作用。

根据库区地质条件和成因,有学者(易立新等,2003)把水库诱发地震分为岩溶塌陷型和断层破裂型两种类型。诱发岩溶塌陷型地震的水库库区大面积分布厚层灰岩,现代岩溶发育;诱发断层破裂型地震的水库库区一般有区域性断层或者地区性断层通过,并且断层破碎带与水库有水力联系,比如我国新丰江和印度柯依纳水库地震就属于这一类型。也有学者把水库地震分为构造型(断层破裂型)、微破裂型(浅表应力局部调整型)和岩溶型三种类型(张林洪等,2001;毛玉平等,2004)。构造型是由于蓄水后库水向断层渗透,在水压力作用下断层面有效应力降低,水对断层面起弱化作用从而使断层强度降低,在原有地应力及新增库水压力作用下,断层产生位移导致新的破裂而产生地震。微破裂型是由于在蓄水和放水过程中,库区浅表断层在库水压力及孔隙水压力作用下或在水位下降中岸坡岩体结构面上的静水和动水压力作用下,产生新的破裂而引起的地震。岩溶型地震与库区的溶洞发育程度和地下水的演变有关,其溶洞在库水的压力作用下发生塌陷诱发地震,当库水位达到一定高程或溶洞特定部位时才有可能发震。

7.1.4 水库地震预测

水库地震预测的任务主要有两个:①预测水库蓄水后诱发地震的可能性、可能的最大诱震震级和可能的发震部位;②若蓄水后发生地震活动,则预测地震的发展趋势。前者是依据库区所处的水文地质条件、断裂分布、区域地震活动背景等地震地质环境评估诱发地震的潜在危险性、可能的最大震级和危险地点,相当于地震长期预测。后者是对已诱发地震活动的水库地震资料进行分析,预测诱发地震活动的发展趋势,相当于地震中短期预测。

水库诱发地震的潜在危险性评价工作的关注焦点是诱发地震的可能性和最大震级。总体而言,目前对水库诱发地震的预测方法仍处在不断探索和验证阶段,尚无成熟方法(胡毓良,1994;夏其发,2000)。Baecher et al.(1982)根据世界上29座发震水库的库深、库容、地应力场、断层活动性、诱震区介质条件(岩性)等参数,应用 Bayes 定理提出了预测水库能否诱震的概率模型,并对美国的Auburn 水库进行预报。常宝琦(1988)也进行了这方面的研究工作,并考虑同样的因素,通过分析水库地震震例资料,提出了水库地震发震强度的预测方法,并对长江三峡水库可能的发震水平进行预测。胡毓良和陈献程(1979)研究了根据岩性、渗透条件和岩体稳定性评价诱发地震的可能性,并提出根据水库规模、岩性、地质条件、渗透条件、应力状态和区域地震活动水平进行综合评价的原则。夏其发(2000)以工程地质学理论为基础,总结了针对构造断裂型、地表卸荷型和岩溶塌陷型三种类型水库诱发地震的判据。

诱发地震各种因素对于地震发生中的作用并不是等量的,各因素和诱发地震强度的边界也不是很清楚,因此,有学者利用模糊数学综合评价法,对不同水库的库容、库深、地理环境、形状、构造、岩性、水文地质、深部环境、应力状态、区域地震活动背景、水库地震序列时空演化特征等各种参数信息进行统计分析,从中获取与水库诱发地震条件可能有关的基本要素,构建单因素对水库发生地震震级的隶属度函数,定量刻画每个因素对水库诱发地震的贡献大小,进行水库诱发地震最大震级的多因素综合预测,提出水库诱发地震震级上限判定的统计依据(蒋海昆等,2014;马文涛等,2013)。在对各诱震因素进行更加深入的研究的同时,研究者还不断引入新的数学方法、建立新的数学模型进行分析,如苏锦星(1997)应用模糊数学方法,通过分析诱震因素与震级之间的关系来预测水库诱发地震的可能性和强度。许强和黄润秋(1996)提出水库诱发地震震级的人工神经网络预测模型。陶振宇和唐方福(1989)用弹塑性固−液两相介质有限元耦合分析方法对我国东江水库进行过预测,并取得了一定的研究成果。基于统计模型的水库诱发地震危险性评价方法,其结果的好坏与统计样本数量和质量密切相关。考虑到统计的不确定性,Allen(1979)指出水深超过80～100 m的水库,都应按库区附近会发生6.5级地震来进行设防。还有学者则认为,在没有较好的水库地震预测方法以前,对坝高超过100 m,库容超过1×10^{10} m^3的水库,可用以库区为中心、在100 km半径范围内历史上的最高震级作为水库诱发震的可能上限震级。

除了上述基于水库地震震例的统计模型评价方法外,近年还发展了基于诱震机理的危险性评价方法。这种方法以力学模型为基础,以现代岩体结构力学理论、岩体水力学理论、岩体工程地质学理论为指导,在经验积累的基础上构建简化的物理−地质−力学破裂过程描述模型,以某些诱发地震破裂准则或应力屈服准则为约束条件,通过数值模拟计算,对水库地震危险性做出预测,称为水库地震预测的成因模型法。例如,陈蜀俊等(2005)利用三峡水库重力观测资料和高精度DEM图,建立包含地形单元、库水下渗因素等复杂条件下的上地壳三维数值模型进行模拟,给出了不同水位下库首区上地壳构造应力场的动态变化,探讨了蓄水对三峡水库库区重点区域断裂稳定性、孕震环境及地震危险性的影响。吴建超等(2009)通过有限元数值模拟方法计算三峡水库蓄水后不同水位、不同区域的位移场变化,并将位移场变化与地震活动进行对比,认为三峡水库蓄水造成上地壳表层全位移场的梯度带是垂向上的强烈剪切活动带,同时也是垂向剪应变能较大和构造活动强烈的地带,易于诱发水库地震。刘素梅和徐礼华(2005)根据丹江口水库区的地质特征,建立三维有限元模型,模拟计算水压应力场和应变场,分析水库蓄水后断层的稳定情况及库水载荷对库盆岩体中应力应变状态的影响,并预测丹江口水库二期工程诱发地震的可能性与危险区。程惠红等(2012)通过建立新丰江水库三维孔隙弹性耦合模型,应用有限单元法计算水库蓄水引起库区应力场、孔隙压力场、断层面上库仑应力的动态变化响应和蓄水累积的应变能,认为新丰江水库地震释放的主要是构造应变能,水库蓄水仅起触发作用。曹建玲等(2011)利用二维弹性有限元模型,通过计算和分析河道型水库蓄水造成的地应力变化,以及水库区不同倾角的断层面上库仑应力变化,来评价水库蓄水对库区断层稳定性的影响。蒋海昆等(2014)基于断层内库水流动(扩散)与断层稳定性耦合作用机制,建立了量化评价水库诱发地震活动的力学模型方程,定量模拟构造应力变化、断层导流能力(渗透率)、地层非均匀性、断层构造、地层水化软化等主要因素,量化评价水库地震活动的主要影响因素。

如果水库蓄水后发生地震,预测后续地震趋势则是面临的首要任务。蒋海昆等(2014)认为,水库地震预测主要涉及流体诱发(触发)地震检验、序列类型判定、最大震级估计以及优势发震时段判定等四个方面。流体诱发地震检验实质上是根据水库地震特征,判定水库区的地震活动是属于水库诱发还是属于构造地震,即水库地震的鉴别。鉴别和判断水库诱发地震主要有地震序列统计参数和地震波参数两个方面的判据。早期的研究认为水库地震 b 值高于本区域发生的天然地震 b 值。蒋海昆等使用传染型余震序列模型(ETAS 模型)计算地震序列的模型参数,认为当模型中代表背景地震发生率的参数值明显大于此前该区域背景地震活动率,且地震活动与蓄水过程大体同步时,地震活动为流体诱发的可能性大。随着数字地震学的发展,很多学者用数字地震学的方法,通过计算水库地震的震源参数,分析其与构造地震之间的差异。地震波的谱分析发现,水库地震比天然地震的高频能量更为丰富。华卫等(2012)根据 Brune 模型采用遗传算法计算得到水库诱发地震的地震矩、震源半径、应力降等震源参数,发现在一定震级范围内水库诱发地震具有较大的震源尺度及较小应力降的特征,而且震级越小这种差别越大。1994 年以后,印度 Koyna 水库周围 5 次 4.1~4.7 级地震前后的应力降和拐角频率均发生显著的变化。

如果确认地震活动是由于水库蓄水引起,则在进行序列类型判定、最大震级估计和优势发震时段判定等后续工作中,将结合水库库区构造环境条件的影响和制约因素,借鉴天然地震序列的分析预测方法进行分析和判定。例如,Gupta(1989)提出可根据水位变化幅度与地震的关系预测较大余震;冯德益等(1993)报告了水库地震前的波速比变化;刘文龙等(2006)和钟羽云等(2007)进行了水库地震序列的预测实践。这一系列工作为从水库载荷变化、水库地震序列参数、震源和介质参数等的变化中来找寻水库地震前兆提供了线索。

由于水库诱发地震的复杂性、震例的有限性和不确定性,以及水库诱发地震的背景环境呈现出的多样性,加之水库诱发地震的机理难以用实验方法模拟或验证,目前所提出的各种预测方法均具有较大的局限性。

7.2　国内外水库地震基本资料

前人对水库诱发地震进行了大量的研究,目前报道的国内外水库诱发地震震例已有157例,收集整理业已公开发表的水库地震资料(杨清源等,1996;夏其发,2012;蒋海昆等,2014;杨晓源,2000;陈光祥,2004;程心恕,2002;欧作畿,2005;杜运连等,2008)如表7.1。其中我国有47例,最大为广东新丰江水库6.1级地震。表7.1中,$M_s \geq 6.0$级地震4例,5.0～5.9级17例,4.0～4.9级38例,3.0～3.9级43例,小于3.0级54例,最大为印度柯依纳水库发生的6.5级地震。表7.1中的一些水库地震有争议。这些水库有的位于地震活动区,如我国的佛子岭水库,印度的巴克拉,巴基斯坦的曼哥拉等;有的水库蓄水后地震活动减少,像我国台湾的曾文,巴基斯坦的塔贝拉,美国的弗莱敏峡谷、格林峡谷和安德森等;有的水库发生地震的参数不准,尚难确定为水库地震,像我国的龙羊峡,美国的小河等(杨清源等,1996)。影响水库诱发地震的因素非常复杂。从水库规模看,蓄水后诱发了地震活动的水库有的为坝高仅为十几米、库容仅为数十万立方米的小型水库,如湖北邓家桥水库坝高仅为13 m,库容仅为4×10^5 m³,而有的则为坝高超过100 m,库容超过1×10^{10} m³的大型水库,如埃及的阿斯旺水库库容达1689×10^8 m³,坝高达111 m,前者与后者相差非常大。根据表7.1的数据进行统计,水库地震震级与水库的坝高、库容没有相关性(图7.1和图7.2)。

表7.1 世界水库地震震例信息表

序号	水库名称	国家（地区）	纬度（°N）	经度（°E）	坝高（m）	库容（×10⁸m³）	蓄水日期	初震日期	最大地震发震日期	震级	岩性
1	马拉松	希腊	38.16	23.90	67	0.4	1929-10	1931-07	1938-07-20	5	古近纪沉积岩,深部为结晶片岩
2	瓦迪富达	阿尔及利亚	36.02	1.60	101	2.28	1932-12	1933-01	1933-05	(Ⅶ)	泥灰岩石灰岩,下部有石膏,岩盐
3	米德湖	美国亚利桑纳州	36.13	-114.43	221	348.5	1935-05	1936-09	1939-05-04	5	火山岩
4	沙斯塔	美国	40.77	-112.30	183.5	56.15	1944	1944	—	3	变迁火山岩
5	皮耶韦迪卡多雷坝	意大利	46.45	12.41	112	0.685	1949	1950	1980-01-13	2	大理岩
6	安德森	美国	37.22	-121.5	77	1.1	1950	—	1973-10-03	4.7	砾岩,泥岩
7	拉科希希拉	西班牙	43.12	-4.53	116	0.12	—	—	1975	<3	
8	克拉克山	美国乔治亚州	33.85	-82.38	61	30.96	1952-09	1968-3	1974-08-02	3.8	白云母片岩与角闪石片麻岩
9	卡尤鲁	巴西	-20.3	-44.70	25	1.82	1954	1970-12	1972-01-23	3.7	前寒武系花岗片麻岩
10	佛子岭	中国安徽	31.16	116.16	74.59	4.96	1954-06	1954-12	1973-03-11	4.5	大理岩,钙质千枚岩等
11	参窝	中国辽宁	41.23	123.51	50.3	7.9	1972-11	1973-02	1974-12-22	4.8	混合岩
12	帕里塞兹	美国	43.23	-111.12	82	17.28	1956	1963-03	1966-06-10	3.7	古生代和白垩纪沉积

续 表

序号	水库名称	国家(地区)	纬度(°N)	经度(°E)	坝高(m)	库容(×10⁸m³)	蓄水日期	初震日期	最大地震发震日期	震级	岩性
13	泽乌奇尔坝	瑞士	46.35	7.46	156	0.5	—	—	1976	3	灰岩
14	安皮斯塔	意大利			59		1957	—	—	微震	白云岩
15	尤坎本	澳大利亚	-36.08	148.72	116.1	47.98	1957-06	1959-05	1959-05-18	5	闪长花岗岩
16	平头	美国	47.89	-14.11	57	15	1958	1964-10	1971-07-28	4.9	变质沉积岩
17	莫卡桑坝	瑞士	45.98	7.37	250.5	1.8	1957	—	—	微震	片岩
18	格兰德瓦尔	法国	44.97	3.1	88	2.7	1959-09	1960-03	1963-08-05	4.3	片麻岩,花岗岩,变质火山岩
19	门多西诺湖	美国加利福尼亚州	39.23	-123.17	50	1.51	1959-01	1959-04	1962-06-06	5.2	变质火山岩
20	沃勒甘巴坝	澳大利亚	-33.97	150.42	142	20.92	1960	1973-03	1973-03-09	5.4	C-P灰盐
21	塞纳霍	西班牙			102	4.54	1960		1965-12-11	4.2	石灰岩洞穴发育
22	卡内利斯坝	西班牙	42.03	0.05	150	5.67	1960-10	1962-06	1962-06-09	4.7	灰岩
23	卡马里拉斯	西班牙	38.36	-1.6	49	0.35	1960-11	1961-03	1961-12-08	4.8	泥灰岩,黏土岩
24	瓦伊昂	意大利	46.27	12.38	262	1.69	1960-02	1960-05	1963-09	4	片麻岩
25	瓦尔萨克	巴基斯坦			72	0.24	1961	1962	—	微震	
26	皮卡兹	罗马尼亚	47.02	16.04	127	12.3	1961	1974	—	极微震	复理岩

续表

序号	水库名称	国家（地区）	纬度（°N）	经度（°E）	坝高（m）	库容（×10⁸m³）	蓄水日期	初震日期	最大地震发震日期	震级	岩性
27	蒙台纳特	法国	44.9	5.7	155		1962-04	1963-04	1963-04-25	5	石灰岩
28	石河段（洛基河）	美国	47.78	-120.17	57	4.81	1961	—	—	极微震	结晶岩、玄武岩
29	大狄克逊	瑞士	46.06	7.4	285	4	1962	1975-06	1979-03-04	2	J-K期片岩
30	曼加拉姆	印度	10.63	76.52	30	1.25	1962	—	1963	3	变质岩
31	黑部第四	日本富山	36.53	137.65	186	1.99	1960-03	1961-08	1961-08-19	4.5	花岗岩
32	塞菲德洛德	伊朗	36.73	49.35	106	18	1962-01	1968-08	1968-08-02	4.7	火山岩
33	巴克拉	印度	31.3	76.6	226	96.2	1958-07	—	—	小震	古近纪页岩、砂岩及黏土岩
34	新湖	中国广东	21.87	111.7		0.37	1963-12	2007-11	2007-12-04	M_L 4.5	花岗岩
35	沙拉瓦锡	印度	14.1	76.82	61		1964	—	—	2	玄武岩
36	阿尔木斯阿拉什	罗马尼亚	45.46	24.61	164	4.65	1965	1965-4	—	极微震	
37	沃果诺	瑞士	46.23	8.23	220	1.05	1964-08	1965-05	1965-09-10	4	片麻岩及大理岩
38	富恩桑塔	西班牙	38.38	2.23	82	2.35	1973	1973-05	1973-07	2.4	花岗岩
39	克里马斯塔	希腊	38.9	21.53	165	47.5	1965-07-21	1965-08	1966-02-05	6.2	白垩纪灰岩与第三纪复理岩

续 表

序号	水库名称	国家(地区)	纬度(°N)	经度(°E)	坝高(m)	库容(×10⁸m³)	蓄水日期	初震日期	最大地震发震日期	震级	岩性
40	本莫尔坝	新西兰	-44.5	170.2	118	22	1964-12	1965	1966-07-07	M_L 5	硬砂岩，绿泥石片岩
41	皮阿斯特拉	意大利	44.21	7.21	87	0.12	1965-06	1965-10	1966-04-07	4.7	复理石沉积
42	阿科松博坝	加纳沃尔特河	7.5	0.25	141	1080	1964-05	1964-05	1964-11	5.3	砂岩，页岩
43	格林峡谷	美国	37.07	-111.22	216	333	1963	—	—	小震	砂岩
44	弗莱敏峡谷	美国	41.25	-109.5	153	46.7	1963-05	—	—	小震	前寒武纪变质岩
45	巴伊纳巴什塔	前南斯拉夫	43.97	19.37	90	3.4	1966-12	1967-01	1967-07-03	4.8	石灰岩
46	曼哥拉	巴基斯坦	33.22	73.68	138	11.8	1967-02	1967-03	1967-05-28	3.6	砂页岩，黏土岩
47	卡宾溪	美国	39.62	-105.72	796	0.18	1967-03	1967-04	1967-04	1.5	前寒武纪变质岩及深成岩
48	圣路易斯	美国	37.07	-121.13	114	25.17	1967	1969-01	1969-06	2.5	沉积岩
49	咪扎斯卡	瑞士			69	0.004	1967	—	—	微震	片麻岩
50	怕拉姆比库拉姆	印度	10.38	76.8	73	5.04	1963	—	1963	3	太古代变质岩
51	柯依纳	印度	17.62	73.76	103	27.96	1961-06	1963-10	1967-12-11	6.5	玄武岩
52	格兰卡雷沃	前南斯拉夫	42.75	18.48	123	12.8	1967-11	1976-12	1970	3	石灰岩岩溶发育

续 表

序号	水库名称	国家(地区)	纬度(°N)	经度(°E)	坝高(m)	库容(×10⁸ m³)	蓄水日期	初震日期	最大地震发震日期	震级	岩性
53	乌格朗	法国	46.42	5.68	130	6.05	1968	1971-06	1971-06-21	4.5	石灰岩
54	彭特地加尔	瑞士	46.58	10.18	130	1.64	1968	1979-01	1979-03-04	2	石灰岩、白云岩
55	埃尔格拉多	西班牙	42.38	0.17	130	4	—	—	1966-12-14	3.6	灰岩
56	黄石	中国湖南	28.1	111.05	40.5	6.12	1969-04	1973-05	1974-09-21	2.3	厚层灰岩
57	渥洛维尔	美国	39.28	-121.43	234	43.62	1967-11	1975-05	1975-08-01	5.7	T-J变质火山岩
58	卡士塔拉基	希腊	38.67	21.7	96	7.85	1969-01	1969-03	—	4.6	有洞穴的灰岩
59	南冲	中国湖南	27.3	111	45	0.35	1967-04	1970-05	1974-07-25	2.8	石灰岩
60	阿斯旺高坝	埃及	22.56	26.07	111	1689	1965	1978	1981-11-14	5.5	上部为砂岩，下部为花岗岩
61	卡皮瓦里—卡乔伊拉	巴西			58	1.8	1970	1971	1971	2.4	
62	雅瓜拉电站	巴西			71	4.5	1980-07	—	1984-07-04	2.4	
63	釜房	日本仙台市	38.15	140.5	46	0.45	1964-08	1970-04	1975-08-26	3	火山凝灰岩
64	阿尔门德拉	西班牙	41.21	-6.16	202	26.49	1971-04	1972-01	1972-06-16	3.2	花岗岩
65	施里杰斯	奥地利	47.07	11.77	131	1.29	1971-05	1971-09	1973-04	2	花岗岩、花岗片麻岩
66	托尔宾戈	澳大利亚	-35.72	148.33	161.5	9.21	1971-05	1971-06	1973-01-06	3.5	流纹岩与花岗岩

续　表

序号	水库名称	国家(地区)	纬度(°N)	经度(°E)	坝高(m)	库容(×10⁸m³)	蓄水日期	初震日期	最大地震发震日期	震级	岩性
67	小河凯尔威	美国			53	11.23	1969-10	1969-12	1978-03	1.4	角闪石片麻岩、似花岗岩片麻岩
68	绍拉亚尔坝	印度	10.31	76.77	105	1.53	1965	—	1966	2	变质岩
69	南水	中国广东	24.77	113.27	81.3	10.5	1969-02	1969-06	1970-02-26	2.4	石灰岩
70	前进	中国湖北	32.18	111.65	50	0.16	1970-05	1971-10	1971-10-26	3	白云质灰岩
71	卡普恰盖伊	哈萨克斯坦	43.8	77.83	56	281.4	1971	1971-12	—	1	石英斑岩,花岗斑岩
72	亨德里克·韦尔沃尔德	南非	−30.63	25.78	88	59.6	1970-09	1971-02	1971-03	2.5	砂岩,页岩,泥岩
73	恰尔瓦克坝	乌兹别克斯坦			168	20	1973	1975	1977-12-06	5	石灰岩
74	乌凯	印度	21.25	73.72	81	85.1	1971	1972	1972	3	火山岩
75	波托哥伦比亚	巴西	−20.12	−48.35	40	15.24	1973-04	—	1974-02-24	4.7	玄武岩
76	埃莫松	法国-瑞士	46.09	6.91	180	2.28	1973-05	1973-12	1975-01	3	片麻岩
77	维特拉罗特鲁坝	罗马尼亚费尔卡	45.43	23.7	118	3.4	1974	1974-11	—	极微震	
78	乔卡西	美国	34.98	−82.94	117	2.65	1971-04	1971-07	1975-11-25	3.2	片麻岩

续　表

序号	水库名称	国家(地区)	纬度(°N)	经度(°E)	坝高(m)	库容(×10⁸m³)	蓄水日期	初震日期	最大地震发震日期	震级	岩性
79	曾文	中国台湾	23.31	120.65	133	7.08	1973-04	1973-09	1978-06	3.7	砂页岩
80	戈登	澳大利亚	-42.7	146.1	140	150	1974-04	1974-08	1974-08	2	前寒武纪变质岩、千枚岩
81	塔维拉	多米尼加			82	1.7	1971-08	1980-06	1980-08-11	M_b 2.4	
82	穆拉	印度	19.37	73.62	68	7.36	1972-01	1972-09	1972-09-01	1	火山岩
83	依杜基	印度	9.83	76.97	169	21.7	1971	1975	1977-07-02	3.5	前寒武纪片麻岩与似花岗岩片麻岩
84	丹江口	中国湖北	32.55	111.5	97	174.5	1967-11	1970-01	1973-11-29	4.7	石灰岩
85	马林邦杜	巴西			90	61.5	—	—	1978-07-25	2	
86	利比	美国	48.52	-115.3	136	72.1	1973	—	—	微震	泥板岩
87	凯班	土耳其	38.82	39.33	207	310	1973-05	1973-06	1974-06	3.5	大理岩岩溶发育
88	拓林	中国江西	29.23	115.48	63.6	79.2	1972-01	1972-05	1972-10-14	3.2	库区中部北岸石灰岩
89	皎口	中国浙江	29.84	121.27	67.4	1.2	1975-01-15	1993-02-18	1994-09-07	M_L 4.7	凝灰岩
90	塔贝拉	巴基斯坦	34.1	72.5	143	137	1974-06	—	1974-12-28	3	古生代粗碎屑岩
91	卡皮瓦拉	巴西			60	105	1970	1976	1976	4	玄武岩

续表

序号	水库名称	国家(地区)	纬度 (°N)	经度 (°E)	坝高 (m)	库容 (×10⁸m³)	蓄水日期	初震日期	最大地震发震日期	震级	岩性
92	马尼夸根-3	加拿大	50.11	-68.65	108	104.2	1975-08	1975-09	1975-10-23	4.4	片麻岩
93	买加	加拿大	52.07	-118.3	244	247	1973-03	1973-10	1974-05-01	4.5	变质岩
94	拉·安格斯图拉	墨西哥	16.43	-92.78	146	92	—	—	1975-10-07	5.5	J-K碳酸盐岩
95	卡里巴	赞比亚—津巴布韦	-16.93	27.93	128	1890	1958-12	1959-06	1963-09-23	6.1	片麻岩
96	新丰江	中国广东	23.76	114.65	105	138.96	1959-10	1959-11	1962-03-19	6.1	花岗岩
97	奇尔克伊水电站	格鲁吉亚			232.5	27.8	1974-08	1974-10	1974-11-23	4.9	灰岩夹泥灰岩及钙质黏土薄层
98	帕莱布纳纳/帕莱廷加	巴西			84	24.63	1976	1976-12	1977-11	3.4	花岗岩
99	托克托古尔	吉尔吉斯斯坦	41.47	72.79	215	195	1972	1977-10	1977-10	2.5	大理岩
100	普卡基高坝	新西兰				>10	1955	1976-06	1978-12-17	4.1	冰碛物,砂岩与片岩
101	伊特基特基	赞比亚	-15.79	26.07	70	57	1976-05	1978-05	1978-05-13	4.2	花岗岩
102	高濑	日本	36.45	137.07	176	0.76	1978-12	1979-01	1982-04-04	2.7	粗粒花岗岩
103	邓家桥	中国湖北	30.33	111.42	13	0.004	1978-12	1980-08	1983-10-30	2.2	库区左岸边

续 表

序号	水库名称	国家(地区)	纬度(°N)	经度(°E)	坝高(m)	库容(×10⁸m³)	蓄水日期	初震日期	最大地震发震日期	震级	岩性
104	奴列克坝	塔吉克斯坦	38.42	69.27	300	105	1972-04	1972-11	1972-11-06	4.6	岩盐建造等
105	盛家峡	中国青海	36.38	102.35	35	0.045	1980-10	1981-11	1984-03-07	3.6	花岗岩
106	乌溪江	中国浙江	28.67	118.85	129	20.6	1979-01	1979-06	1979-10-07	2.8	沃火山岩,凝灰岩
107	奇柯森坝	墨西哥			161	16.8	1978-10	1980-04-22	1980-05	3	K-T灰岩
108	恩博尔卡索	巴西			158	175	1982-04	1982-11	1984-03-18	1.7	花岗岩,片麻岩
109	英古里坝	格鲁吉亚			271.5	11.1	1976-04	1978-05	1979-12-21	4.3	石灰岩
110	乌江渡	中国贵州	27.32	106.76	165	23	1979-11	1980-01	1992-05-20	3.5	厚层灰岩,岩溶发育
111	汤姆逊	澳大利亚			164	11.2	1983-06	1983-09	1990-03	3	
112	拉格兰德-3	加拿大魁北克			93	600	1971-04	1981-06	1983-04-24	3.7	
113	考兰水电站	泰国			130	88.6	1983-02	1984-07	1985-01-22	4.5	碳酸盐岩
114	斯利纳卡林特	泰国			140	177.45	1978	—	1983-04-22	M_b 5.9	灰岩
115	古里	委内瑞拉	7.35	-62.87	162	1350	1985-05	1985-08	1986-09	3.6	花岗片麻岩与砂岩
116	大化	中国广西	23.72	107.98	78.5	9.64	1982-05	1982-06	1993-02-10	4.5	坝前1~5,石灰岩,库区右岸石灰岩

续 表

序号	水库名称	国家(地区)	纬度(°N)	经度(°E)	坝高(m)	库容(×10⁸m³)	蓄水日期	初震日期	最大地震发震日期	震级	岩性
117	巴尔比纳	巴西			33	128			满库两年后	3.4	沉积岩
118	图库鲁伊	巴西	−3.42	−49.44	98	458	1979−07		1980−02−06	3.4	变质岩
119	东江	中国湖南	25.9	113.3	157	91.5	1986−08	1987−11	1989−07−24	2.3	中厚层灰岩夹砂页岩及含煤地层
120	东江	中国湖南	25.883	113.267	157	81.2	1986−08−02	1987−11−15	1991−07−02	M_L 3.2	碳酸盐
121	鲁布革	中国云南	24.85	104.57	103.85	1.1	1988−11	1988−11	1988−12−17	3.1	中厚层灰岩
122	拉格兰德−2	加拿大			168	617.15	1978−11	1978−12	1979−09−18	2	花岗岩,花岗闪长岩
123	龙羊峡	中国青海	36.12	100.92	178	276.3	1981−07	1981−09	1990−02−27	2.4	变质砂岩,花岗闪长岩
124	克孜尔	中国新疆	41.73	82.45	41.6	6.4	1991−08	1993−10	2005−09−23	5.3	泥岩,砂岩
125	铜街子	中国四川	29.27	103.65	82	2	1992−04	1992−04	1992−07−17	2.9	玄武岩,灰岩
126	岩滩	中国广西	24.03	107.52	110	33.8	1992−03	1992−03	1994−06−21	2.9	库区中段,石灰岩
127	东风	中国贵州	26.87	106.25	173	10.16	1994−04−06	1994−05−15	2006−08−02	M_L 2.9	碳酸盐
128	隔河岩	中国湖北	30.43	111.15	151	34	1993−04	1993−05	1993−05−30	2.6	库区中段,石灰岩
129	漫海	中国云南	24.6	100.45	132	10.5	1993−03	1993−03	1994−11−05	4.2	花岗岩

续表

序号	水库名称	国家(地区)	纬度(°N)	经度(°E)	坝高(m)	库容(×10⁸m³)	蓄水日期	初震日期	最大地震发震日期	震级	岩性
130	水口	中国福建	26.35	118.73	101	29.7	1993-05	1993-11	1996-04-21	3.8	库区中段,花岗斑岩
131	大桥	中国四川	28.68	102.21	92	6.58	1999-05-20	1999-11-04	2002-03-03	4.6	花岗岩,流纹岩
132	二滩	中国四川	26.82	101.78	240	58	1998-05-01	1998-06-17	2008-07-01	M_L 3.3	玄武岩
133	天生桥一级	中国云南	24.94	105.1	178	102.57	1998-06-18	1998-08-06	2000-08-13	M_L 3.9	
134	珊溪	中国浙江	27.67	120.05	132.5	18.24	2000-05-12	2002-07-28	2006-02-09	M_L 4.6	凝灰岩,流纹岩
135	小浪底	中国河南	34.92	112.36	154	127.5	1999-10-25	2000-03-10	2003-06-08	M_L 3.6	砂岩,粉砂岩
136	恰普其海	中国新疆	43.35	82.45	108	19.61	2005-06-25	2005-07-06	2006-11-01	M_L 4.6	凝灰岩,砂岩
137	光照	中国贵州	25.63	105.25	200.5	32.45	2007-12-30	2008-03-05	2008-10-04	M_L 3.4	碳酸盐
138	瓦屋山	中国四川	29.67	103.03	142.6	5.84	2007-04-10	2007-04-25	2009-03-29	M_L 3.2	碳酸盐
139	龙滩	中国广西	25.03	107.04	216.5	272.7	2006-09-30	2006-10-02	2010-09-18	M_L 4.8	碳酸盐
140	三峡	中国湖北	30.82	111	180	393	2003-05-13	2003-06-07	2008-11-22	M_L 4.5	花岗岩
141	瀑布沟	中国四川	29.3	102.75	186	53.9	2009-11-01	2009-11-14	2010-11-18	M_L 2.3	花岗岩
142	圣冠	法国			114	36				<2.0	

续表

序号	水库名称	国家(地区)	纬度(°N)	经度(°E)	坝高(m)	库容(×10⁸m³)	蓄水日期	初震日期	最大地震发震日期	震级	岩性
143	蒙蒂赛洛	美国	34.34	-81.32	52	0.5	1977-12	1977-12	1979-10	2.8	石英二长岩、花岗岩类
144	圣福德	美国	35.63	-101.67	89	10.66	1965			极微震	粗碎屑岩
145	吉尔尼	印度	18.37	76.83	15.2	0.03	1986			2	玄武岩
146	斯里拉娜萨加迦	印度			40	32	1984-05		1984-07	3.2	花岗岩、片麻岩
147	巴萨	印度	19.59	73.38	89	9.15	1977-06	1983-05	1983-09-15	4.8	玄武岩流
148	基尼萨尼	印度	17.88	80.67	61.8		1965	1965	1969-04-13	5.3	火山岩
149	乐滩	中国广西	23.97	108.6	63	9.5	2006-01-07	2006-05-28	2007-08-03	M_L 3.8	碳酸盐
150	石泉	中国陕西	33.04	108.23	65	4.7	1972-10	1973-09	1978-01	2.6	片岩
151	紫坪铺	中国四川	31.03	103.57	156	11.12	2005-09-30	2005-11-06	2008-02-14	M_L 3.7	砂页岩、泥岩
152	新店	中国四川	29.377	104.04	28.1	0.29	1974-04-15	1974-17-15	1979-09-15	M_L 4.7	碳酸盐
153	小湾	中国云南	24.67	100.08	292	149.1	2008-12-16	2008-12-31	2009-08-06	M_L 3.5	花岗片麻岩
154	云鹏	中国云南	24.1	104.1	96.5	3.7	2006-12-03	2007-03-25	2007-09-11	M_L 3.6	碳酸盐
155	引子渡	中国贵州			129.5	5.31	2003-04-10	2003-06-04	2003-06-04	2.8	碳酸盐岩
156	茄子山	中国云南	24.5	98.92	100	2.75	1994年初	1995-02	1995-02-03	4.2	花岗岩

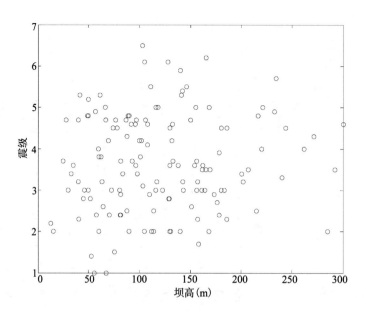

图7.1 水库地震震级与水库坝高

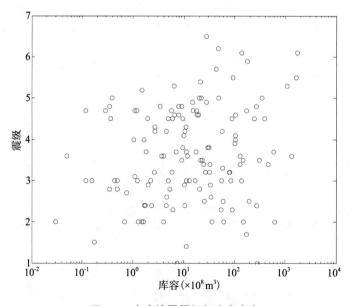

图7.2 水库地震震级与水库库容

从发震时间看,有些水库几乎从蓄水开始,地震活动就开始增强,如云南鲁布革水库,水库下闸蓄水后2天即发生地震(杜运连等,2008),而有的水库则在蓄水数十年后才出现地震活动,如广东新湖水库在蓄水43年后,水库区发生了4.5级地震。对表7.1中的数据进行统计可以发现,有64.8%的水库地震发生在水库蓄水后1年内,蓄水至初震时间超过8年的仅为8.2%(图7.3)。最大地震的发震时间也主要集中在水库蓄水后6年内,其比例达到76.2%(图7.4)。

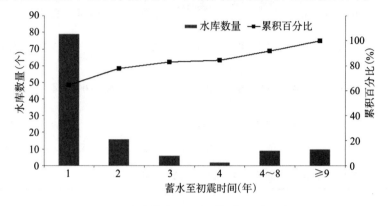

图7.3　水库蓄水至初震时间与累计百分比

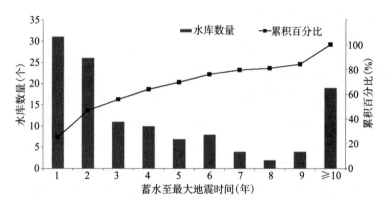

图7.4　水库蓄水至最大地震时间与累计百分比

7.3　浙江省水库地震震例

浙江省水利资源丰富,大小水库数以百计,目前已经调查确认的水库地震有5例(表7.2)。

表7.2 浙江省水库地震一览表

水库名	库容 （×10⁸ m³）	坝高 （m）	蓄水时间	初震时间	初震 震级	最大地震 发震时间	最大 震级	水库区岩性
乌溪江	20.60	129.0	1979 – 01	1979 – 10	2.8	1982 – 05 – 22	3.2	流纹斑岩
皎口	1.20	67.4	1973 – 05	1993 – 02	3.9	1994 – 09	4.7	凝灰岩、 流纹斑岩
南山	1.06	72.0	1992竣工	1992 – 07	3.4	–	–	流纹斑岩
珊溪	18.04	156.8	2000 – 05	2002 – 07	2.8	2006 – 02	4.6	凝灰岩
滩坑	35.20	162.0	2008 – 04	2011 – 12	1.4			

7.3.1 宁波皎口水库

宁波皎口水库位于宁波市鄞州区奉化江支流,樟溪上游的大皎、小皎二溪汇合处的密岩村。皎口水库是一座以防洪、灌溉为主,兼供水、发电、养鱼等综合利用的大型水利工程。其控制集雨面积为259 km²,总库容1.198×10⁸ m³。工程于1970年5月动工,1973年5月大坝封孔蓄水,1975年1月竣工。1984年10月至1987年年底又进行了保坝工程,主要做以下改动:将坝体由原78.0 m高程升至79.4 m,加高了1.4 m;坝顶上游面设混凝土防浪墙,墙高1.2 m,坝顶加宽5 m,达到10 m;溢流坝段工作桥(兼交通桥)抬高0.6 m,桥面增宽3.2 m;新建改建启闭机室,更新设计制作安装6扇弧型闸门,并改制启闭设备。经过保坝工程,最大坝高达到67.4 m,总库容达到1.198×10⁸ m³(杨作恒和王和章,2006)。

(1) 地震活动概况

根据历史地震资料,1500年以来,以水库为中心1°×1°范围内发生过4级以上地震5次。最大地震为1523年8月镇海海滨5.5级。距离水库最近的地震为1910年6月奉化、嵊县间4.5级,该地震距离水库约16 km。自1970年有仪器记录至1993年1月间,水库库区外围20 km范围内发生2级以上地震4次。1993年2月18日,皎口水库库区首次记录到2.3级地震,之后,库区小震活动不断。截至2014年12月,水库区共记录到地震359次,其中2.0~2.9级63次,3.0~3.9级13次,4.0级以上1次,最大为1994年9月的4.7级地震。地震活动主要集中在1993年、1994年和2009年三个时段(图7.5)。按照地震序列类型划分方法,1993年2

月—1994年6月间的一系列地震中最大与次大地震之间的震级差为0.3级,属于震群型。1994年9月—1995年12月的一系列地震中最大与次大地震之间的震级差为1.6级,属于主震－余震型。2009年9月—2009年10月发生3.0级以上地震4次,最大与次大地震间震级差为0.1级,属于震群型。地震震中相对集中,主要分布于皎口水库大坝以西3～8 km处。地震发生在水库蓄水18年后,且地震活动的起伏与水位变化没有明显的关系。

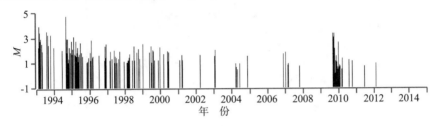

图7.5　宁波皎口水库地震分布

1993年2月26日,3.9级地震震中位于(29.83°N,121.22°E),震源深度约13 km(钱祝等,1997)。地震发生时,皎口水库电厂副厂房墙体出现裂缝,电厂周围民房墙体或地面出现裂缝或裂缝扩大,有些地方烟囱倒塌、落瓦等。地震对当地群众心理及经济造成较大负面影响。地震发生后,洪山、樟村、大雷三乡镇有万余人携款外逃避震,造成交通拥挤、银行(信用社)存款额大幅下降、部分企业停产、学校停课,一度影响了正常的社会和经济秩序。

1994年9月7日,4.7级地震震中位于(29.93°N,121.22°E)(钱祝等,1997)。地震发生时,宁波市区、余姚市、奉化市普遍有感,震中区震感强烈,震前有地声,多数人惊慌外逃。震中所在地章水镇周公宅、大皎村、箭锋村、黄岩头村都有房屋、烟囱倒塌,墙体变形震裂等现象。据宏观烈度调查,地震的宏观震中在樟村附近,震中最大烈度为Ⅴ度强(图7.6),Ⅴ度区长轴近EW向,长轴长18.5 km,短轴长7.5 km,面积约为138 km²。

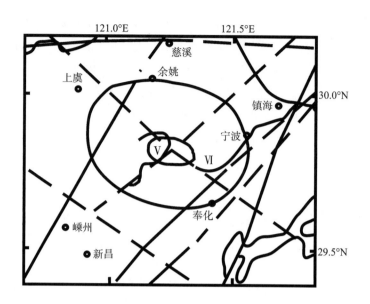

图7.6　1994年9月7日宁波皎口 M_L 4.7级地震的宏观等震线

（2）地质构造背景

皎口水库位于浙东南褶皱带丽水—宁波隆起北部的四明山区,山体走向NE,海拔高程300～600 m,出露地层主要为上侏罗统块状熔结凝灰岩。区域内褶皱构造不发育,断裂构造主要有北东向、北北东向及北西向三组共计10条,其中晚第三纪以来活动断裂4条,第四纪以来活动断裂6条。规模较大的区域断裂主要有北西向长兴—奉化基底断裂带、北东向丽水—奉化基底断裂带及北北东向丽水—余姚地壳断裂带(图7.7)。水库区附近通过的断裂构造主要有:梨洲—慈溪断裂,走向N50°～60°E,长约29 km,宽5～10 m,在密岩村附近通过;洞坑—樟村断裂,走向N40°～45°E,长约16 km,向东北与梨洲—慈溪断裂归并;长兴—奉化断裂走向N30°～65°W,宽约10 m,在大坝右岸密岩岭处通过。断裂最新活动时代均在中更新世及其以前。

地震主要发生在四明山隆起区与宁波盆地的交接部位。晚第三纪以来,由于新构造运动的抬升与下降,主要形成了四明山隆起与宁波盆地。四明山隆起为构造－侵蚀的低山区,发育三、四级夷平面和1～3级侵蚀阶地。宁波盆地第四系基底为白垩系,第四纪以来,缺失早更新世沉积。在厚120 m的第四系中约有6个风化剥蚀面和高海平面形成的3个海侵层位,表明宁波盆地经历间歇性多期升降运动,以总体下陷为主。宁波盆地与周围隆起升降幅度不大(约500～600 m),为白垩纪—第四纪弱活动盆地。

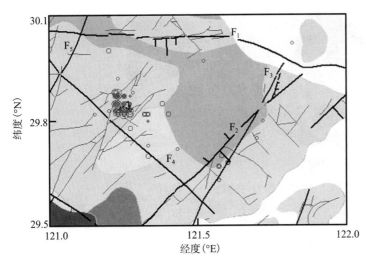

F₁:昌化—普陀断裂

F₂:丽水—奉化断裂

F₃:镇海—宁海断裂

F₄:长兴—奉化断裂

F₅:丽水—余姚断裂

图7.7　宁波皎口震中区断裂分布

(3) 震源机制与发震构造

姚立珣等(1996)使用浙江、上海、江苏、江西和安徽等地震台网记录资料,用P波初动符号求得1993年3.9级和1994年4.7级地震的震源机制,其结果见表7.3和图7.8。姚立珣等(1996)使用多普勒效应的原理和方法确定了两次地震的破裂面,认为1994年9月7日4.7级地震的破裂面为表7.3中的节面Ⅱ。该节面走向与地震的宏观等震线Ⅴ度等震线椭圆长轴方向一致,并推测长兴—奉化断裂带可能为发震构造。此外,1993年2月26日3.9级地震的破裂面为表7.3中的节面Ⅰ,两次地震发生在一组共轭断层上。

表7.3　皎口地震震源机制解

时间	震中位置		深度(km)	震级 M_L	节面Ⅰ(°)			节面Ⅱ(°)			P轴(°)		T轴(°)		N轴(°)	
	φ(°)	λ(°)			走向	倾向	倾角	走向	倾向	倾角	方位角	仰角	方位角	仰角	方位角	仰角
1993 - 02 - 26	29.83	121.22	13	3.9	7	278	61	90	180	75	224	35	322	11	72	58
1994 - 09 - 07	29.93	121.22	20	4.7	19	287	61	111	22	85	239	18	339	27	127	60

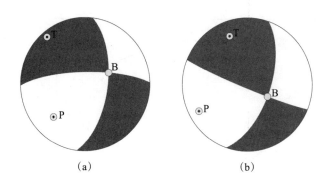

图7.8 皎口地震震源机制解

(a)1993年2月26日 M_L 3.9级地震;(b)1994年9月7日 M_L 4.7级地震

7.3.2 乌溪江水库地震

乌溪江水库位于浙江省衢江区南部山区,横跨衢江和遂昌两县区,是钱塘江支流乌溪江上的大型水利工程,坝高129 m,库容20.6×10⁸ m³。坝前河床高程122 m,正常高水位230 m。1979年1月开始蓄水,6月28日库水位约为170 m,回水至坝上游15 km的高山村一带时,当地群众开始感觉到地震;10月7日,当库水位上升到195 m时发生3.4级地震,震中区房屋受轻微损坏。

(1) 地震活动概况

乌溪江水库属少震、弱震区。据历史记载,以水库为中心1°×1°范围内没有发生过4级以上地震。1945年5月球川4.5级地震是距离水库区最近的4级以上地震,距水库约63 km。水库于1979年1月12日封孔蓄水后,水位迅速上升。3月中旬到6月中旬,水位保持在162~167 m,库水偶尔可回水到高程为166 m的高山村一带;6月下旬库水位再度急剧上升,6月26日首次达到170 m高程,明显回水至高山村一带;6月28日库水位又猛增3~4 m,当天高山村村民惊感地震20余次。群众直观的感觉是,当水库回水未达高山村一带时没有听到过震响,当库水淹没到高山村以上的大溪边时才出现地震,从此以后不断听到震响,但无详细的震情记载。9月下旬到10月中旬水位达到195 m左右,是水库蓄水以来当年的最高水位。在这段高水位期间,10月7日发生了一次3.4级地震,地震震中位于(28°36′N,118°57′E),震源深度3.5 km。这次地震的震中在高山、黄泥岭一带,人们感觉较强烈,并造成了房屋掉灰、瓦片滑移(个别掉落)、墙缝加大、地基下沉、墙体出现裂缝等,震中烈度达Ⅴ度强。震中5 km左右范围内的红星坪、桐梗等地普遍有感(胡毓良和陈献程,1982),有感区呈椭圆分布,长轴为北北东向,有感面积约350 km²(钱祝等,1981)。10月中旬后水位略有下降,直到翌年2月中旬水位保持在190 m左右。在这段时间内,不时有地震发生,有时日可感地震20次。2月下旬到3月上旬水位继续上升,3月14日水位突破200 m。3月14日起在高山村设置了一台单分向微震仪,15日和16日地震频次达到最高峰,每日记到地震200多次,数日后即迅速减少,地震频度和强度随水位起伏而波动。

开始发生地震时水库区没有地震台站,距离水库区最近的台站为新安江地震台,该台距离水库约100 km。地震后于1980年3月5在红星坪设置一台DSL型垂直向微震仪,3月14日搬至震中附近的高山村高山小学。1982年4月至6月在地震区18 km²面积内增设了12个地震台,5月到7月又在地震区10 km²范围内布设了由10个台组成的台网(胡毓良和陈献程,1982)。因此,各时期的地震监测能力有较大的差异,根据浙江省地震局编制的地震目录(浙江省地震局,1999),乌溪江水库发生1.0级以上地震共39次,其中1.0~1.9级35次,2.0~2.9级2次,3.0~3.9级2次,最大为1979年10月7日3.4级(图7.9)。

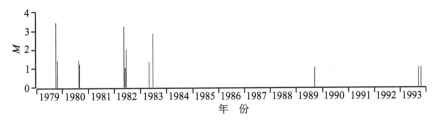

图7.9 乌溪江水库1.0级以上地震分布

地震主要集中在高山村附近,外围仅有个别地震,震中区面积不到10 km²,距大坝约15 km。1982年4月至6月间,地震集中分布在水库东岸,而1983年5月至7月间主要发生在西岸。它们的共同特点是绝大部分地震都发生在距库岸线500 m以内的近岸,库底地震极少。胡毓良等(1986)在1982—1983年进行的观测表明,震源深度一般不超过700 m,多数为200~300 m。钱祝等(1981)认为,1979—1980年发生的地震大部分都接近地表,最深不超过1 km,一些0级地震也有震感和响声。夏其发等(1986)对高山村震中区的63次地震进行了统计,得到震源深度在0~2.7 km,平均1.45 km。不同研究者使用的资料不完全相同,得到的结果不尽相同,但可以判定,乌溪江水库地震震源深度是非常浅的。

(2) 地震与水位的关系

地震活动与库水位的关系十分密切。一方面,地震日频次和强度的增高与库水位的急剧上升有关,特别是当库水位首次上升到蓄水史上尚未达到的新高程时,地震活动增强尤为显著。如1979年6月底库水猛涨10余米时,高山一带出现了第一个地震序列。1982年6月18日库水位上涨3.46 m,当天即爆发一群地震,日频次达1000多次(胡毓良等,1986)。1983年6月3日上午8时水位骤然上升3.5 m,下午4时地震活动开始明显增强。从6月3日到24日水位从226 m逐级抬升到最高蓄水位230 m,其中有三次抬升的11日、16日和21日都在当天出现地震日频次的明显增高。这一时期,库水位每上升到一个新的高度,就诱发出一个新的地震序列。另一方面,地震活动与水位的急剧下降也有关系。如1983年6月25日上午水位突然下降约1 m,随即在当天中午爆发一群地震,日频次达196次。当库水位波动不大而相对稳定在一定高程时,地震活动性则较低。

(3) 地质构造背景

乌溪江水库坐落在北北东向绍兴—江山断裂带和上虞—丽水断裂带之间的陈蔡—遂昌隆起之上,该隆起为一楔形地块,呈N50°～60°E方向延展,隆起区内没有重要的发震断层(夏其发等,1986)。水库区属华夏期地洼区,其发展的剧烈期在中、晚侏罗世至白垩纪。新生代地壳运动继承了白垩纪的上升特点,表现为大面积的间歇性抬升。第三纪地层缺失,第四纪地层也分布在极少的山间盆地、河谷附近。

库区褶皱构造不显著,岩层倾角一般在5°～30°,仅局部可见一些平缓褶曲。断裂构造主要表现为一组北北东至北东向的断层,其他方向的构造线不发育,仅湖山盆地内有几条北西至北西西向的小断层。北北东向断层为燕山运动的产物,是一组高角度逆冲断层,多数倾向南东,倾角大于60°～70°,长度不超过30 km,一般都尖灭于磨石山组的火山岩中,仅个别断层向北与江绍断裂带斜接(夏其发等,1986)。从构造体系上看,它们属于陈蔡—遂昌隆起内部的次级盖层断层,其构造活动性受该隆起带活动性的控制,并低于隆起带的边界断裂江绍断裂带。乌溪江库区的地质条件比较单一,断裂规模不大,未见现代活动的迹象。

水库区主要为上侏罗统酸性火山岩。高山震区地震分布在花岗斑岩侵入体内。地震区东南侧为早白垩世的红色内陆盆地。区域构造上,主要发育一系列北30°东挤压性冲断层和北50°西的张扭性断层。北西向构造控制了库区范围内主河道的取向,在红色盆地中并被萤石等矿脉充填,是一组比较新的构造。库区主要支流沟谷则沿北北东向发育。在高山地震区内没有大规模断裂通过。南侧在黄泥岭、湖山头红盆边界有一北东向断层通过。高山村南面小坑一带也发育一北35°东小断层,倾角很陡(图7.10)。断层带由碎裂岩和糜棱岩组成,都被硅质胶结,地貌上呈正地形。但在断层带外侧的裂隙密集带,发育为沟谷。

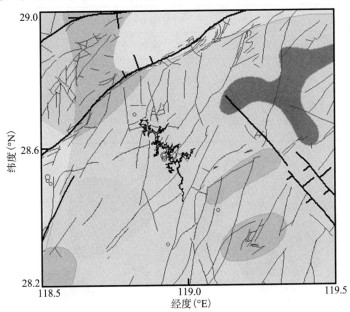

图7.10 乌溪江水库断裂构造

(4)震源机制与发震机理

胡毓良等(1986)根据1982年布设于水库区的地震台网资料,利用P波初动得到了1982—1983年间372次地震的节面解,经过统计发现存在逆断层(主张应力T轴陡立)、正断层(主压应力P轴陡立)、平移断层(中间应力N轴陡立)和过渡类型(P、N、T三个应力主轴仰角均小于45°)四种震源错动类型。其中逆断层地震占70%,正断层地震占21%,它们是地震序列中的主要震源错动类型。他们认为两种不同类型的机制,可能代表了两种不同的发震应力,即滑动岩体本身的自重应力和周围山体施加的山体侧压力。

钱祝等(1981)利用P波初动符号,求得了1979年10月3.4级和1982年5月3.2级地震震源机制解(表7.4和图7.11)。两次地震主压应力P轴方位和仰角相差很大,这一情况说明它们不是在相同构造应力场作用下发生的,库水可能是诱发地震的主要因素(浙江省地震局,1984)。

表7.4　乌溪江水库地震震源机制解

日　　期	震级 M_L	节面I			节面II			P轴		T轴	
		走向	倾向	倾角	走向	倾向	倾角	方位	仰角	方位	仰角
1979 – 10 – 07	3.4	N26°E	NW	55°	N71°W	SW	80°	N18°W	16°	S61°W	33°
1982 – 05 – 22	3.2	N16°E	SE	62°	N66°W	SW	76°	N65°E	6°	S22°E	25°

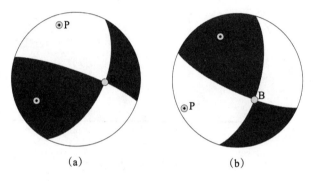

(a)　　　　　　　　　(b)

图7.11　乌溪江水库地震震源机制解

(a)1979年10月7日 M_L 3.4级地震；(b)1982年5月22日 M_L 3.2级地震

参考文献

Aki K. 1969. Analysis of seismic coda of local earthquakes as scattered wave [J]. J. Geophys. Res., 74(2):615-631.

Aki K, Chouet B. 1975. Origin of coda wave: source, attenuation and scattering effects[J]. J. Geophys. Res., 80(23):3322-3342.

Aki K, Lee WHK. 1976. Determination of three-dimensional velocity anomalies under a seismic array using P arrival times from local earthquakes (1): A homogeneous initial model[J]. J. Geophys. Res., 81(23):4381-4399.

Allen CR. 1979. Reservoir-induced earthquakes and engineering policy [C]. Proceedings of Research Conference on Inra-Continental Earthquakes, Ohrid, Yugoslavia, 17-21.

Amerbeh WB, Fairhead JD. 1989. Coda Q estimates in the Mount Cameroon volcanic region, West Africa[J]. Bull. Seism. Soc. Amer., 79(5):1589-1600.

Bell ML, Nur A. 1978. Strength changes due to reservoir-induced pore pressure and stresses and application to Lake Oroville[J]. J. Geophys. Res., 83(NB9): 4469-4483.

Biot MA. 1941. General theory of three dimensional consolidation[J]. Journal of Applied Physics, 12(2):155-164.

Biot MA. 1956. Theory of propagation of elastic waves in a fluid-saturated porous solid. I, low-frequency range; II, higher frequency range[J]. Journal of Acoustical Society of America, 28(2):168-191.

Brune JN. 1970. Tectonic stress and the spectra of seismic shear waves from earthquakes[J]. J. Geophys. Res., 75(75):4997-5009.

Carpenter PJ, Sanford AR. 1985. Apparent Q for upper crustal rocks the central Rio Grande Rift[J]. J. Geophys. Res., 90(B10):8661-8674.

Castro RR, Cecilio JR, Inzunza L, Orozco I, Sdnchez J, Gdlvez O, Farfdn FJ, Mendez I. 2003. Direct body wave Q estimates in northern Baja California Mexico [J]. Phys. Earth Planet Inter., 103(1-2):33-38.

Domfnguez T, Rebollar CJ, Fabriol H. 1997. Attenuation of Coda waves at the Cerro Prieto Geothermal Field, Baja California, Mexico[J]. Bull. Seism. Soc. Amer., 87(5):1368-1374.

Drouet S, Souriau A, Cotton F. 2005. Attenuation, seismic moments, and site effects for weak-motion events: Application to the Pyrenees[J]. Bull. Seism. Soc. Amer., 95(5):1731-1748.

Gao LS, Lee LC, Biswas NN, Aki K. 1983a. Comparison of the effects between single and multiple scattering on coda waves for local earthquakes [J]. Bull. Seism. Soc. Amer., 73(2):377-389.

Gao LS, Biswas NN, Lee LC, Aki K. 1983b. Effects of multiple scattering on coda waves in three dimensional medium[J]. Pure Appl. Geophys., 121(1):3-15.

Gassmann F. 1951. Uber die elastizat poroser medien[J]. Vierteljahrsschrift der Naturforschenden Gesellschaft in Zurich, 96:1-23.

Gupta HK. 1976. DAMS and Earthquakes: Developments in Geotechnical Engineering[M]. New York: Elsevier Scientific Publishing Company.

Gupta HK. 1989. Global patterns of intraplate stress: A status report on the world stress map project of the international lithosphere program[J]. Nature, 341: 291-298.

Hashin Z, Shtrikman S. 1963. A variational approach to the theory of the elastic behaviour of multiphase materials[J]. Journal of Mechanics and Physics Solids, 11(2):127-140.

Herraiz M, Espinosa AF. 1987. Coda waves: A review[J]. Pure Appl. Geophys., 125(4):499-577.

Hirano R. 1924. Investigation of aftershocks of the great Kanno earthquake at Kumagaya[J]. Kishoshushi, 2(2):77-83 (in Japanese).

Horasan G, Guney AB. 2004. S wave attenuation in the Sea of Marmara, Turkey[J]. Phys. Earth Planet Inter., 142(3-4):215-224.

Jacobson RS, Bée GGS Jr., et al. 1984. A comparison of velocity and attenuation between the Nicobar and Bengal deep sea fans[J]. J. Geophys. Res., 89(B7): 6181-6196.

Jeffereys H. 1938. Aftershocks and periodicity in earthquakes [J]. Gerlands Beitr. Geophys., 56:114-139.

Krief M, Garat J, Stellingwerff J, et al. 1990. A petrophysical interpretation using the velocities of P and S waves (full waveform sonic)[J]. The Log Analyst, 31:355-369.

Lee MW. 2006. A simple method of predicting S-wave velocity[J]. Geophysics, 69(5):161-164.

Li YS, Bao QC. 1995. Application of stress-pore pressure coupling theory for porous media in the Xinfengjiang Reservoir Earthquakes[J]. Pure&Applied Geophydsics, 145(1):123-137.

Liu Z, Wuenscher ME, Herrmann RB. 1994. Attenuation of body waves in the central New Madrid seismic zone[J]. Bull. Seism. Soc. Amer., 84(4):1112-1122.

Lomnitz C. 1974. Earthquake and reservoir impounding: State of the Art[J]. Eng. Geol., 8(1):191-198.

Mogi K. 1962. Study of the elastic shocks caused by the fracture of heterogeneous materials and its relation to RFPA phenomena[J]. Bull. RFPA Res. Inst., 40: 125-173.

Nava FA, Arthur RG, Castro RR, et al. 1999. S wave attenuation in the coastal region of Jalisco-Colima, Mexico[J]. Phys. Earth Planet Inter., 115(3):247-257.

Nikolaev NL. 1974. Tectonic conditions favourable for causing earthquakes occurring in connection with reservoir filling[J]. Eng. Geol., 8(1-2):171-189.

Nur A. 1992. Critical porosity and the seismic velocities in rocks [J]. EOS, Trans. Am. Geophys. Union, 73:43-66.

Nur A, Mavko G, Dvorkin J, Gal D. 1995. Critical porosity: The key to relating physical properties to porosity in rocks[J]. SEG Technical Program Expanded Abstracts, 14:878-881.

Omori F. 1894. On after-shocks of earthquake[J]. J. Coll. Sci. Imp. Univ. Tokyo, (7):111-200.

Pavlis GL, Booker JR. 1980. The mixed discrete-continuous inverse problem:

Application of the simultaneous determination of earthquake hypocenters and velocity structure[J]. J. Geophys. Res., 85(B9):4801-4810.

Petukhin A, Irikura K, Shiro O, Kagawa T. 2003. Estimation of Q-values in the seismogenic and aseismic layers in the Kinki region, Japan, by elimination of the geometrical spreading effect using ray approximation[J]. Bull. Seism. Soc. Amer., 93(4):1498-1515.

Pride SR. 2005. Relationships between seismic and hydrological properties. In: Rubin Y, Hubbard S (Eds.), Hydrogeophysics. New York: Kluwer Academy, 217-255.

Pride SR, Berryman JG, Harris JM. 2004. Seismic attenuation due to wave-induced flow[J]. J. Geophys. Res., 109(B1):B01201.

Pulli JJ. 1984. Attenuation of coda waves in New England[J]. Bull. Seis. Soc. Amer., 74:1149-1166.

Reuss A. 1929. Berechnung der fliessgrenze yon mischkristallen aufgrund der Plastizit? tsbedingungen for einkristalle[J]. Zeitschrift fur Angewandte Mathematic und Mechanik, 9(1):49-58.

Roeloffs, EA. 1988. Fault stability changes induced beneath a reservior with cyclic variations in water level[J]. J. Geophys. Res., 93(B3):2107-2124.

Rothe JP. 1970. The seismic artificels (man made earthquakes)[J]. Tectonophysics, 9:215-238.

Sato H. 1977. Energy propagation including scattering effect: Single isotropic scattering, approximation[J]. Bull. Seis. Soc. Amer., 68:923-948.

Scholz CH. 1968. The frequency-magnitude relation of microfracturing in rock and its relation to RFPA[J]. Bull. Seism. Soc. Amer., 58:399-415.

Simpson DW. 1976. Seismicity changes associated with reservoir impounding [J]. Eng. Geol, 10:371-385.

Simpson DW, Leith W, Scholtz CH. 1988. Two types of reservoir-induced seismicity[J]. Bull. Seism. Soc. Amer., 75:2025-2040.

Spencer C, Gubbins D. 1980. Travel time inversion for simultaneous earthquake location and velocity structure determination in laterally media[J]. Geophys. J. R. Astron. Soc., 63(1):95-116.

Talwani P. 1981. Earthquake prediction studies in South Carolina[J]. In: Earthquake prediction—An international review. Maurice Ewing Ser., 4:381-393.

Talwani P, Acree S. 1985. Pore-pressure diffusion and the mechanism of reservoir-induced seismicity[J]. Pure&Applied Geophysics, 122(6):947-965.

Utsu T. 1957. Magnitudes of earthquakes and occurrence of the their aftershocks[J]. Zisin, 2(10):35-45 (in Japanese).

Utsu T, Ogata Y, Matsuura RS. 1995. The Centenary of the Omori formula for a decay law of aftershock activity[J]. J. Phys. Earth., 43(1):1-33.

Wiemer S, Wyss M. 1997. Mapping the frequency-magnitude distribution in asperities: An improved technique to calculate recurrence times[J]. J. Geophys. Res., 102(B7):15115-15128.

Wong V, Cecilio CJ, Munguia L. 2001. Attenuation of coda waves at the Tres Virgenes volcanic area, Baja California Sur, Mexico[J]. Bull. Seism. Soc. Amer., 91 (4):683-693.

Wood AB. 1941. A Textbook of Sound[M]. London: Bell.

Wyss M, Schorlemmer D, Wiemer S. 2000. Mapping asperities by minima of local recurrence time: San Jacinto-Elsinore fault zones[J]. J. Geophys. Res., 105 (B4):7829-7844.

巴晶. 2013. 岩石物理学进展与评述[M]. 北京:清华大学出版社, 150-157.

薄景山. 1989. 水库诱发地震研究的回顾与展望[J]. 世界地质, 8(1):9-14.

蔡明军, 山秀明, 徐彦, 等. 2004. 从误差观点综述分析地震定位方法[J]. 地震研究, 27(4):314-317.

曹建玲, 石耀霖. 2011. 河道型水库蓄水诱发地震的数值模拟[J]. 中国科学院研究生院学报, 28(1):19-26.

常宝琦. 1988. 关于水库诱发地震概率顶测的临界概率PC[J]. 华南地震, 8 (4):86-90.

常宝琦. 1989. 对"论水库要素与水库地展的关系"的讨论[J]. 华南地震, 9 (3):86-88.

陈光祥. 2004. 水库诱发地震机制和实例[J]. 云南地质, 23(2):266-269.

陈蜀俊, 姚运生, 曾佐勋, 等. 2005. 三峡库首区蓄水前后构造应力场三维数值模拟研究[J]. 岩石力学与工程学报, 24(a02):5611-5617.

程惠红, 张怀, 朱伯靖, 等. 2012. 新丰江水库地震孔隙弹性耦合有限元模拟[J]. 中国科学:地球科学, 42(6):905-916.

程心恕. 2002. 水库诱发地震机制与抗震设防[J]. 地震工程与工程振动, 22(3):60-65.

电力工业部华东勘测设计院. 1979. 浙江省飞云江珊溪水电站初步设计——工程地质勘察报告.

丁原章, 肖安予. 1982. 岩溶与水库诱发地震[J]. 华南地震, 2(4):70-76.

丁原章, 潘建雄, 肖安予, 等. 1983. 新丰江水库诱发地震的构造条件[J]. 地震地质, 5(3):63-74.

丁原章, 常宝琦, 肖安予, 等. 1989. 水库诱发地震[M]. 北京:地震出版社.

杜运连, 王洪涛, 袁丽文. 2008. 我国水库诱发地震研究[J]. 地震, 28(4):39-51.

冯德益. 1981. 地震波速异常[M]. 北京:地震出版社, 1-14.

冯德益, 楼世博, 林命遇, 等. 1985. 模糊数学方法与应用[M]. 北京:地震出版社.

冯德益, 虞雪君, 盛国英. 1993. 波速异常的进一步研究和问题讨论(三)——水库诱发地震前的V_P/V_S异常[J]. 西北地震学报, 15(3):38-43.

傅征祥, 吕晓健, 邵辉成, 等. 2008. 中国大陆及其分区余震序列b值的统计特征分析[J]. 地震, 28(3):1-7.

龚钢延, 谢原定. 1991. 新丰江水库地震区内孔隙流体扩散与原地水力扩散率的研究[J]. 地震学报, 13(3):364-371.

郭春友, 杨建元, 徐晖平, 等. 2008. 珊溪水利枢纽工程水库诱发地震专题报告(资料).

国家地震局地球物理研究所. 1978. 近震分析[M]. 北京:地震出版社, 172-178.

国家地震局预测预防司. 1997. 测震学分析预报方法[M]. 北京:地震出版社, 152-153.

胡毓良. 1983. 水库地震研究的新进展(评述)[J]. 地震地质译丛, 2:1-10.

胡毓良. 1994. 水库诱发地震研究的进展//国家地震局地质研究所. 现今地球动力学研究及其应用[C]. 北京:地震出版社, 623-628.

胡毓良, 陈献程. 1979. 我国的水库地震及有关成因问题的讨论[J]. 地震地质, 1(4):45-57.

胡毓良, 陈献程. 1982. 浙江湖南镇水库区地震成因的初步探讨[J]. 地震地质, 4(3):45-49.

胡毓良, 陈献程, 张忠连, 等. 1986. 浙江湖南镇水库的诱发地震[J]. 地震地质, 8(4):1-15.

华卫, 陈章立, 郑斯华, 等. 2012. 水库诱发地震与构造地震震源参数特征差异性研究——以龙滩水库为例[J]. 地球物理学进展, 27(3):924-935.

蒋海昆, 李永莉, 曲延军, 等. 2006. 中国大陆中强地震序列类型空间分布特征[J]. 地震学报, 28(4):389-398.

蒋海昆, 张晓东, 单新建, 等. 2014. 中国大陆水库地震统计特征及预测方法研究[M]. 北京:地震出版社, 78-80.

孔祥儒, 熊绍柏, 周文星, 等. 1995. 浙江省深部地球物理研究新进展——屯溪温州、诸暨临海地学断面及区域重力研究成果[J]. 浙江地质, 11(1):50-62.

李继亮. 1996. 中国东南大陆及相邻海域岩石圈结构、组成与演化[J]. 地球科学进展, 11(2):221-222.

李祖武. 1981. 水库地震与地质构造的关系[J]. 地震地质, 3(2):61-69.

梁青槐, 高士均, 曾心传. 1995. 水库诱发地震机制研究[J]. 华南地震, 15(1):74-77.

刘福田. 1984. 震源位置和速度结构的联合反演(Ⅰ)——理论和方法[J]. 地球物理学报, 27(2):167-175.

刘福田, 李强, 吴华, 等. 1989. 用于速度图像重建的层析成像法[J]. 地球物理学报, 32(1):46-61.

刘素梅, 徐礼华. 2005. 丹江口库区水压应力场的有限元模拟[J]. 水利学报, 36(7):863-869.

刘文龙, 于海英. 2006. 2006年2月浙江文成珊溪水库 M_L 4.6级震群的现场预测[J]. 华南地震, 26(3):34-44.

刘希强, 石玉燕, 曲均浩, 等. 2009. 品质因子的尾波测定方法讨论[J]. 中国地震, 25(1):11-23.

刘远征, 马瑾, 姜彤, 等. 2010. 库水渗流与荷载对水库地震形成的影响分析[J]. 地震地质, 32(4):570-585.

卢显, 张晓东, 周龙泉, 等. 2013. 紫坪铺水库区域地震波速比计算及研究[J]. 地震地质, 29(2):236-245.

陆远忠, 等. 1984. 一个判断震情的指标——震群的 U 值[J]. 地震学报, 6(增刊):1-8.

马淑芳, 韩大匡, 甘利灯, 等. 2010. 地震岩石物理模型综述[J]. 地球物理学进展, 25(2):460-471.

马文涛, 蔺永, 苑京立, 等. 2013. 水库诱发地震的震例比较与分析[J]. 地震地质, 35(4):914-929.

毛玉平, 王洋龙, 李朝才. 2004. 小湾库区水库诱发地震的地质环境分析[J]. 地震研究, 27(4):339-343

欧作畿. 2005. 水库诱发地震的研究云南水力发电[J]. 云南水力发电, 21(3):18-21.

钱祝, 陈修民, 虞永林. 1981. 乌溪江水库地震[J]. 地震学刊, 1:49-56.

钱祝, 虞雪君, 孙士宏, 等. 1997. 皎口地震趋势的跟踪预测研究[J]. 地震学刊, 3:6-13.

师海阔, 朱新运, 贺永忠, 等. 2010. 宁夏及邻区地震震源参数研究[J]. 大地测量与地球动力学, 30(增刊):38-41.

师海阔, 朱新运, 贺永忠, 张立恒. 2011. 基于Sato模型的宁夏及邻区尾波Q值研究[J]. 地震, 31(1):118-126.

施行觉, 徐果明, 靳平, 等. 1995. 岩石的含水饱和度对纵、横波速及衰减影响的实验研究[J]. 地球物理学报, 38(增1):281-287.

史謌, 沈联蒂. 1993. 岩石含水饱和度、频率、流体类型对声波振幅影响规律的探讨[J]. 北京大学学报(自然科学版), 29(4):458-465.

司富安. 1994. 水库地震研究现状及问题探讨[J]. 水利水电技术, 6:25-30.

宋俊高. 1989. 震群用于地震预报的实用程式研究//国家地震局科技监测司. 地震预报方法实用化研究文集(地震学专辑)[M]. 北京:学术书刊出版社.

苏锦星. 1997. 模糊聚类分析及其在水库诱发地震研究中的应用[J]. 水利水电技术, 28(6):18-23.

孙其政, 吴书贵. 2007. 中国地震监测预报40年(1966—2006)[M]. 北京:地震出版社, 174-180.

孙士宏. 1994. 珊溪水库库区地震地质特征(资料).

陶振宇, 唐方福. 1989. 东江水库诱发地震的预测研究[J]. 四川水力发电, 3:40-45.

万永革, 沈正康, 刁桂苓, 等. 2008. 利用小震分布和区域应力场确定大震断层面参数方法及其在唐山地震序列中的应用[J]. 地球物理学报, 51(3):793-804.

王晋, 范晶晶, 王向浩, 等. 2014. 不同含气饱和度下煤岩力学性质变化研究[J]. 科学技术与工程, 14(18):6-9.

王椿镛, 林中洋, 陈学波. 1995. 青海门源—福建宁德地学剖面的综合地球物理研究[J]. 地球物理学报, 39(3):590-598.

王椿镛, 陈运泰, 邵占英. 1998. 中国东南陆缘的深部结构与动力学过程[J]. 地壳形变与地震, 18(2):1-8.

王桂花, 张建国, 程远方, 等. 2001. 含水饱和度对岩石力学参数影响的实验研究[J]. 石油钻探技术, 29(4):59-61

王惠琳, 张晓东, 周龙泉, 等. 2012. 紫坪铺水库区域地壳 Q_s 动态变化及其与水库蓄水关系的研究[J]. 地震学报, 34(5):676-688.

王炜, 杨德志. 1984. 利用Weibull分布研究华北地区前兆震群的特征[J]. 中国地震, 3(4):13-21.

魏红梅, 贺曼秋, 黄世源, 等. 2009. 重庆荣昌地区尾波 Q 值特征[J]. 西北地震学报, 31(1):97-10.

吴建超, 陈蜀俊, 陈俊华, 等. 2009. 三峡水库蓄水后全位移场变化的数值模拟[J]. 大地测量与地球动力学, 29(6):52-59.

吴开统. 1971. 地震序列的基本类型及其在地震预报中的应用[J]. 地震战线, 7(11):45-51.

夏其发. 1992. 世界水库诱发地震震例基本参数汇总表暨水库诱发地震评述[J]. 中国地质灾害与防治学报, 3(4):95-100.

夏其发. 2000. 水库诱发地震评价研究[J]. 中国地质灾害与防治学报, 2:39-45.

夏其发, 江雍熙. 1984. 试论水库诱发地震的地质分类[J]. 水文地质工程地质, 1:9-12.

夏其发, 汪雍熙, 李敏, 等. 1986. 乌溪江水库地震的地震地质背景[J]. 地震地质, 8(3):33-43.

夏其发, 李敏, 常庭改, 等. 2012. 水库地震评价与预测[M]. 北京:中国水利水电出版社.

肖安予. 1981. 水库班震震例及其初步分析[J]. 华南地震, 1:96-99.

熊利龙, 刘明寿. 1998. 水库诱发地震的工程地质环境及勘测研究方法[J]. 湖南水利, 3:17-18.

熊绍柏, 刘宏兵. 2000. 浙皖地区地壳—上地幔结构和华南与扬子块体边界[J]. 地球物理学进展, 15(4):3-17.

熊绍柏, 郑晔, 尹周勋, 等. 1993. 丽江—攀枝花—者海地带二维地壳结构及其构造意义[J]. 地球物理学报, 36(4):434-443.

熊绍柏, 刘宏兵, 王有学. 2002. 华南上地壳速度分布与基底、盖层构造研究[J]. 地球物理学报, 45(6):784-791.

许强, 黄润秋. 1996. 用神经网络理论预测水库诱发地震[J]. 中国地质灾害与防治学报, 7(3):10-17.

许忠淮, 阎明, 赵仲和. 1983. 由多个小地震推断的华北地区构造应力场的方向[J]. 地震学报, (3):268-279.

杨清源, 胡毓良, 陈献程, 等. 1996. 国内外水库诱发地震目录[J]. 地震地质, 18(4):453-461.

杨晓源. 2000. 水库诱发地震和我国近年水库地震监测综述(一)[J]. 四川水力发电, 19(2):82-85.

杨作恒, 王和章. 2006. 皎口水库地震特征及震情趋势分析[J]. 山西建筑, 32(6):80-81.

姚立殉, 虞雪君, 陈乃其. 1996. 鄞县 M_L 3.9 和 M_L 4.7 地震的震源参数[J]. 地震学刊, 3:1-5.

易桂喜, 闻学泽, 范军, 等. 2004. 由地震活动参数分析安宁河—则木河断裂带的现今活动习性及地震危险性[J]. 地震学报, 26(3):294-303.

易立新, 车用太, 王广才, 等. 2003. 水库诱发地震研究的历史、现状与发展趋势[J]. 华南地震, 23(1):28-37.

易立新, 王广才, 李榴芬. 2004. 水文地质结构与水库诱发地震[J]. 水文地质工程地质, 2: 29-32.

易立新, 车用太. 2000. 水库诱发地震及其水文地质条件和诱震机理[J]. 中国地质灾害与防治学报, 11(2):39-45.

虞永林. 1996. 水库地震地质判别标志的研究[J]. 浙江地质, 12(2):88-94.

宇津德治. 1990. 地震事典[M]. 李裕彻, 等, 译. 北京:地震出版社, 209-211.

云美厚, 丁伟, 杨长春. 2006. 油藏水驱开采时移地震监测岩石物理基础测量[J]. 地球物理学报, 49(6):1813-1818.

张国民, 汪素云, 李丽, 等. 2002. 中国大陆地震震源深度及其构造含义[J]. 科学通报, 47(9):663-668.

张佳佳, 李宏兵, 刘怀山, 等. 2010. 几种岩石骨架模型的适用性研究[J]. 地球物理学进展, 25(5):1697-1702.

张林洪, 周建芬, 阮莉, 等. 2001. 水库地震研究概述[J]. 云南水电技术, 1:70-72.

张守伟, 孙建孟, 苏俊磊, 等. 2010. 砂砾岩弹性试验研究[J]. 中国石油大学学报(自然科学版), 34(5):63-68.

浙江省地震局. 1984. 乌溪江水库一九八一至一九八二年地震监测工作报告(内部资料).

浙江省地震局. 1999. 浙江省地震目录(1988—1998年)(内部资料).

浙江省地质矿产局. 1989. 浙江省区域地质志[M]. 北京:地质出版社, 547-551.

浙江省历史地震资料编辑组. 1979. 浙江省历史地震年表(内部资料).

中国地震局监测预报司. 2007. 中国大陆地震序列研究[M]. 北京:地震出版社, 37-45.

钟羽云, 朱新运, 张震峰. 2004. 温州珊溪水库M_L3.9震群震源参数特征[J]. 地震, 24(3):107-114.

钟羽云, 周昕, 张帆, 等. 2007. 2006年温州珊溪水库地震序列特征[J]. 华南地震, 27(1):21-30.

钟羽云, 张帆, 赵冬. 2011. 珊溪水库M_L4.6震群精确定位与发震构造研究[J]. 地震研究, 34(2):158-165.

钟羽云, 周昕, 张帆. 2013. 水库水位变化与地震活动关系研究[J]. 大地测量与地球动力学, 33(2):35-40.

周昕, 傅建武, 杨福平, 等. 2005. 水库地震、诱发还是触发?[J]. 华南地震, 25(2):13-21.

周惠兰, 房桂荣, 章爱娣, 等. 1980. 地震震型判断方法探讨[J]. 西北地震学报, 2(2):45-59.

周连庆, 赵翠萍, 陈章立. 2009. 紫坪铺水库地区尾波Q_c值研究[J]. 地震, 29(4):44-51.

周龙泉, 刘福田, 陈晓非. 2006. 三维介质中速度结构和界面的联合成像[J]. 地球物理学报, 49(4):1062-1067.

朱传镇, 王林瑛. 1989. 震群信息熵异常与地震预报//国家地震局科技监测司. 地震预报方法实用化研究文集(地震学专辑)[M]. 北京:学术书刊出版社.

朱新运, 陈运泰. 2007. 用L_g波资料反演场地效应与地震波衰减参数[J]. 地震学报, 29(6):569-580

朱新运, 张帆, 于俊宜. 2010. 浙江珊溪水库地震精细定位及构造研究[J]. 中国地震, 26(4):380-390.

朱新运, 于俊谊, 张帆. 2013. 浙江珊溪水库库区地震波衰减特征研究[J]. 地震学报, 35(2):199-208.